为了家园更美丽

妇联组织"美丽家园"建设
工作案例选编

全国妇联妇女发展部
农业农村部农村社会事业促进司　◎编

中国妇女出版社

图书在版编目（CIP）数据

为了家园更美丽 ：妇联组织"美丽家园"建设工作
案例选编 ／ 全国妇联妇女发展部，农业农村部农村社会
事业促进司编 . -- 北京 ：中国妇女出版社，2021.5
ISBN 978-7-5127-1959-0

Ⅰ.①为… Ⅱ.①全…②农… Ⅲ.①生态环境建设
－中国 Ⅳ.①X321.2

中国版本图书馆CIP数据核字（2020）第271344号

为了家园更美丽——妇联组织"美丽家园"建设工作案例选编

作　　者：	全国妇联妇女发展部　农业农村部农村社会事业促进司 编
责任编辑：	孔　姿
助理编辑：	刘煜溪
封面设计：	李　甦
责任印制：	王卫东
出版发行：	中国妇女出版社

地　　址：北京市东城区史家胡同甲24号　　　邮政编码：100010
电　　话：（010）65133160（发行部）　　　 65133161（邮购）
网　　址：www.womenbooks.cn
法律顾问：北京市道可特律师事务所
经　　销：各地新华书店
印　　刷：三河市祥达印刷包装有限公司
开　　本：170×240　1/16
印　　张：12.75
字　　数：214千字
版　　次：2021年5月第1版
印　　次：2021年5月第1次
书　　号：ISBN 978-7-5127-1959-0
定　　价：45.00元

前言 PREFACE

　　中国要美，农村必须美。习近平总书记强调，"要建设好生态宜居的美丽乡村，让广大农民在乡村振兴中有更多获得感、幸福感"。近年来，从"美丽中国"到"山水乡愁"，这些清新诗意的文字不仅被写入中央文件，也触动了包括农村妇女在内的广大农民对未来乡村的美好期许。

　　妇女既是美丽乡村建设的受益者，更是参与者和贡献者。为深入贯彻落实习近平生态文明思想，团结带领广大妇女积极参与美丽乡村建设，助力乡村全面振兴，2018年，全国妇联在统筹部署"乡村振兴巾帼行动"时，将"美丽家园"建设作为一项重要工作任务强力推进；2019年又下发了《关于学习浙江"千万工程"经验，进一步深化"美丽家园"建设工作的通知》，发出"清洁卫生我先行""绿色生活我主导"等号召，动员妇女积极参加农村人居环境整治三年行动和村庄清洁行动，建设美丽家园。全国74万多个村和社区妇女之家、100多万个基层妇联组织、700多万妇联基层执委纷纷响应、迅疾行动，带领妇女从自身做起、从家庭做起，从改变生活和卫生习惯入手，全面净化绿化美化庭院。各地相继推出"晒晒我家小院子""寻找最美阳台""最美农家""一米菜园"等生动鲜活的评选活动，创新了"巾帼家美积分超市""出彩人家""最美庭院"等异彩纷呈的工作载体，在广大乡村形成了"人人想创、户户争创"的良好氛围，美丽家园也逐步实现从"形态美"到"内涵美"的精彩转型，从"一处美"到"一片美"的纵深推进，从"一时美"到"持久美"的美好生活开启。

随着"美丽家园"建设的广泛深入推进，涌现出一大批行之有效的好经验、好做法。为充分发挥先进典型示范引领作用，更好地以身边事引导身边人，全国妇联联合农业农村部在各地积极推荐基础上，遴选出一批事例突出、特色鲜明的典型，并将其辑录成册，向社会广泛生动展示广大妇女参与"美丽家园"建设的优秀成果，让妇女学有榜样、干有遵循。希望各地积极学习典型先进经验，创新工作实践，结合本地实际，因村制宜，突出特色，继续创建一批美丽家园，助力宜居宜业美丽乡村建设，把独立的"微景"变成乡村的一道"风景"，让城乡之间、乡村之间各美其美、美美与共，用无数的美丽家园、美丽乡村扮靓美丽中国！

全国妇联妇女发展部

农业农村部农村社会事业促进司

2021年5月

目录 CONTENTS

绿水青山
就是金山银山

创建卫生家庭　建设美丽家园

平谷区妇联

为响应党中央"打造宜居宜业宜游的生态环境，推动绿色发展"的发展战略，平谷区妇联以创建"卫生家庭"为载体，发挥妇女"半边天"作用，为建设美丽家园贡献巾帼新力量。

一、具体举措

坚持宣传教育，增强文明卫生意识。一是宣传跟进。大力开展房间亮化、居室净化、庭院美化、生活垃圾分类等知识宣传，制作发放垃圾分类知识卡3万余张，发放《争创卫生家庭　建设美丽家园》倡议书1万份。二是注重引导。组织妇联干部、巾帼志愿者深入基层宣传"卫生家庭　最美庭院"活动目的意义、选树标准。在平谷桃花媛微信平台、平谷妇女网等媒介开设"卫生家庭"专栏，报道创建活动进展、成效以及涌现出的好经验、好典型。三是主题突出。每季度定一个活动主题，如"家庭卫生大扫除　干干净净过大年""春暖花开正当时　卫生家庭我先行""家家户户齐参与　乐享幸福好生活"等。

坚持典型示范，深化卫生家庭创建。一是明确创建标准。平谷区妇联制定《2019年关于开展"卫生家庭　最美庭院"创建工作实施意见》，明确以居室环境整洁美、环境卫生清洁美、摆放有序整齐美、庭院绿化景观美、身心健康生活美、院外责任落实美"六美"为具体内容的卫生家庭评选标准。二是集中全面推进。召开全区"卫生家庭　最美庭院"创建工作部署会及交流会。三是规范评选机制。创建活动采取群众自荐、他荐和组织推荐相结合的方式逐级开展，在"妇女之家"设立群众自荐、他荐报名点，各级分别成立"卫生家庭"评议小组，对"卫生家庭"候选材料进行入户审核，实地走访，确定的各级候选家庭名单要在本地区进行公示，群众无异议后方可评选为"卫生家庭"并挂牌。

坚持素质提升，开办"卫生家庭"课堂。平谷区妇联投入资金100余万元，依托区、镇、村三级"妇女之家"项目、农家女强"三化"能力提升工程和魅力女性课堂，开展花卉种植、芽苗菜培育、家庭保洁技能、厨余垃圾堆肥等培训活动150余场，参训5500余人，提高了广大妇女及家庭成员在创建中的综合素质和能力。

坚持志愿服务，参与美丽家园建设。一是党员带头。平谷区妇联以支部为单位，每周末组织机关全体党员开展环境卫生大扫除志愿服务活动。二是服务队带动。依托金玫瑰巾帼志愿服务队、桃花嫒志愿服务队、童行志愿服务队等志愿者队伍，在全区范围内开展捡拾垃圾、护水爱水、河道整理、节能减排、清扫街道、环保宣传等志愿服务活动100余场次。组织绿色志愿家庭125户，开展义务植树、树木养护、绿植种植等活动。在平谷区妇联的倡议引导下，本区各类志愿服务已达12万小时。

坚持家庭参与，开展爱国卫生运动。开展战疫"护家行动"，组织动员广大妇女及家庭落实防控措施、开展爱家卫生行动、倡导居家健康生活，带动家庭积极参与疫情防控工作。倡导广大家庭在做好家庭卫生的同时，做好"门前三包"责任落实，积极参与全区环境整治工作，实现"家里门外净起来、房前屋后绿起来、村居环境美起来"。

二、成果成效

全区命名区级"卫生家庭标兵"3000户，镇村级"卫生家庭"12582户，打造了18个"卫生家庭"创建示范村和社区，掀起了创建"卫生家庭"的新高潮。

案 例 点 评

平谷区妇联围绕区委区政府"生态立区、绿色发展"中心工作，以"家庭小氛围"提升"人居好环境"，将"卫生家庭"创建与"美丽家园"建设相结合，动员广大妇女和家庭在改善人居环境方面做了大量富有成效的工作，为打造宜居宜业宜游的平谷作出了应有的贡献。

"五美庭院"我先行 同心共建村庄靓

昌平区阳坊镇妇联

为响应习近平总书记关于生态文明建设、改善农村人居的重要指导精神,自2018年5月起,阳坊镇妇联宣传动员全镇妇女姐妹和家庭开展"'五美庭院'创建我先行"活动,推动各家各户争创"室内整洁美、院落环境美、家风传承美、长效保持美、带动效果美"的"五美庭院",以"'五美庭院'我先行"为引领,共建共享美丽家园。

一、具体举措

坚持一个中心,强化思想引领。阳坊镇妇联以镇党委关于美丽乡村建设的有关要求为中心,把"'五美庭院'创建我先行"活动与清理乱堆乱放、拆除私搭乱建、养成垃圾分类好习惯结合在一起,以庭院干净、家风文明凝聚正能量,助力美丽乡村建设。

做到两个结合,扎实推进创建活动。一是与新时代文明实践行动有机结合。把人居环境整治要求、垃圾分类知识编排成三句半《夸夸咱们新农村》、小品《垃圾分类》,组织20多名妇女文艺骨干到各村巡回演出宣传,并在各村电子屏滚动播放。把各村先进经验、达标庭院制作成摄影图片、微视频在阳坊镇妇联、妇联骨干朋友圈中推送,内容通俗易懂、深入人心。二是与加强基层社会治理有机结合。积极参与修订完善村规民约,西贯市村妇联倡议设立环境卫生奖,得到了全镇10个村委会的采纳。

采取三项措施,确保创建常态化。一是规范标准定制度。将创建内容进行量化,形成具体评比指标,制定《"五美庭院"评比细则》,建立村妇联申报、各村交叉互评、镇妇联审核、公开公示、季度回访、提出整改建议六步闭环评价流程。二是典型带动。在创建过程中,充分发挥

各村妇联执委的骨干示范作用，带头清理自家房前屋后犄角旮旯，对院里院外进行绿化美化。三是整合资源求实效。争取多家花木公司为"五美庭院"创建提供了百余盆花卉苗木和技术支持；邀请北京仁爱社会工作事务所、北京润德社会工作事务所等单位的专业老师，举办家居收纳培训、糕点制作技能培训、"手绘杯垫"培训等活动，吸引了400多名妇女姐妹参与。

聚焦四项活动，深化创建内涵。一是组织了"五美庭院心向党，见证辉煌赞祖国"故事征集活动。许多家庭将庭院内外摆满绿植和花卉，清扫得整洁美观，在院门口悬挂国旗、唱红歌、听红色故事。二是组织"最美婆婆、最美儿媳、最美女儿"评选活动。三是组织"建设美丽家园，共创和谐新风"志愿服务月活动。组织巾帼志愿者开展"爱国卫生月"活动，清理沟渠、打扫卫生。募集资金、衣物、书包、文具等，关爱困难妇女儿童、孤寡老人、空巢老人和困难家庭。尤其是在抗击新冠肺炎疫情期间，号召妇女姐妹守好自家院门，邻里守望相助，200名姐妹志愿参与摸排登记、路口值守。

二、成果成效

评选出田晓华、张艳红等10户"五美庭院"，赵桂华、何淑英等12人获得"最美女儿"荣誉称号，张慧敏、崔淑芝等16人获得"最美婆婆""最美儿媳"荣誉称号，让全镇姐妹学有目标、赶有方向。

本案例围绕美丽乡村建设，服务党委政府中心工作，体现出镇村两级妇联组织的政治性；广泛宣传发动，调动妇女姐妹参与美丽乡村建设的积极性，体现出了镇村两级妇联组织的群众性；找准基层妇联工作的切入点和落脚点，助力美丽乡村建设，体现出镇村两级妇联组织的时代性。

以庭院"小美"促进乡村"大美"

房山区妇联

在落实乡村振兴战略中，房山区王家磨村通过妇联执委引领带动妇女代表、妇女骨干，立足村落小庭院，以庭院"小美"促进乡村"大美"，助力乡村治理，开创了妇联组织参与乡村治理的新模式。

一、具体举措

明确创建工作具体标准。王家磨村妇联紧紧围绕镇党委制订的《大石窝镇"美丽庭院"创建工作实施方案》，按照"清洁美、整齐美、格局美、景致美、家风美、长效美"六美创建标准，结合本村实际，研究制定《王家磨村星级庭院管理办法》，以"干净整治、特色突出、示范带动"三个层面明确一星、二星、三星考核标准，提出100%创建目标，制定了创建工作台账。

建立"三项机制"，实现创建工作常态化管理。一是工作责任机制。成立"美丽庭院"创建工作领导小组，明确创建活动支部书记负总责、妇联主席具体抓、其他两委干部分片包干、党员结对帮扶的工作机制。二是评选奖励机制。由村15名妇联执委组成评选委员会，明确10项考核细则，通过家庭自荐、村评选委员会季评、村"两委"半年评、村民代表大会年终评，根据年终考核平均分评定一星、二星、三星三个级别，统一悬挂星级标识，并给予相应奖励。三是监督机制。创评全过程接受群众监督，对群众反响较大或存在违法违纪等现象的家庭，实行一票否决。镇妇联将不定期对一星户、二星户、三星户进行抽查，如发现与星级户创建标准不符的，将提出降星或摘牌建议。

依靠"三种力量"，形成共同参与格局。一是依靠宣传力量。村妇联利用本村广播进行宣传动员，入户发放倡议书，利用微信公众号和微信群等新媒体进行宣传。在村主要街道设置24延米"美丽庭院"宣传展板，以"巾帼心向党　建功新时代"为主题,从"家园美巾帼行""强机制重长效""评比学争先锋"三方面内容,展示"美丽庭院"创建机制,分享创建成果。二是依靠培训力量。房山区妇联在王家磨村共开展绿萝、水培、多肉微景观、花卉修剪、园林景观设计等各类培训40余场。三是依靠示范带动力量。村妇联主席带头从自家院子改起,边动员,边学习,三个多月,第一批30户"美丽庭院"获得区妇联的认可,予以挂牌奖励。

二、成果成效

通过"美丽庭院"的创建,推动全村实现三个转变:一是庭院干净整洁向特色景观转变。"美丽庭院"创建以来,村民就地取材、废物利用,实现由绿化美化到特色化的提升;二是村民精神面貌和文明素质的转变,村民的精神面貌和文明素质也在悄然提升,主人翁意识显著增强;三是实现了从"要我建"到"我要建"的思想观念转变。

案 例 点 评

房山区妇联以"美丽庭院"创建活动为立足点,明确工作任务,因地制宜,制定创建工作的具体要求、工作流程,通过树典型、抓宣传,以点带面,充分调动妇女积极性,从个人的改变到庭院的改变,直到乡村面貌的改变,形成良性互动。

以美丽为名打造清洁家园

蓟州区妇联

为贯彻落实习近平总书记关于加快打造美丽天津的"三个着力"要求的重要举措，蓟州区妇联自2017年开始，在全区范围内，持续开展"清洁我家"活动，并不断从"洁"到"美"深化，引领广大妇女和家庭，全面清洁居室、净化绿化美化庭院、发展庭院经济，助力美丽蓟州建设。

一、具体举措

高位部署，鼎力推动。蓟州区妇联制订了《蓟州区"清洁我家"创建"美丽庭院"实施方案》，明确"六美"标准和工作任务，每个乡镇按60%的比例确定重点村和2个亮点示范村。自活动开展以来，蓟州区委高度重视，各乡镇党委政府和村级"两委"班子及时召开不同形式的部署会议鼎力推进，并成立了评选小组、制订评选方案，对活动中成效突出的"美丽庭院"进行星级户评选、表彰、奖励、宣传，激励先进、鞭策后进。2018年，创建活动被蓟州区政府列入20项民心工程，2018、2019年度纳入镇村两级班子绩效考核，全区949个行政村把创建工作纳入村规民约，把创建活动作为常态化工作持续推进。

广泛宣传，形成氛围。利用电视、广播、户外标语、发放明白纸等传统手段和微信、融媒体等网络化传媒，形成强烈的信息冲击。蓟州区融媒体中心和"掌上蓟州"微信公众号分别对活动做跟进式专题报道，创作编排的《清洁我家》小

品、《山村"选美"》故事讲述等节目在2018年"三八"表彰大会上演出。原创歌曲《清洁我家》以歌伴舞形式登上蓟州区2019年春节联欢晚会舞台。各级妇联在利用微信群广泛宣传的基础上，组织编排快板、广场舞等在基层广泛展演，全区累计开展各类主题活动640余次。区教育局面向全区家长发放《致广大家长一封信》，各个班级以"清洁美"为主题召开主题班会，倡导学

生和家长养成良好卫生清洁习惯。

完善措施，确保成效。广泛开展家政培训，共培训93场；以赛促训，组织家政技能竞赛26场；开展"赛园赛花园"网络直播，授课视频在智慧蓟州、新浪微博等网络平台同步直播，全区26个乡镇949个村同步收看直播，网络直播点击量突破十余万人次；组织开展"清洁我家"创建"美丽庭院"、垃圾分类、趣味运动会81场；开展"清洁我家"庭院设计大赛和选美比赛，活动

获区级奖励家庭130个，并将获得一等奖的10个家庭的庭院照片制作成展牌在人民公园进行展示；开展先进带后进活动，村干部、妇联干部、党员群众代表带头示范，一户带五户、N户活动；持续开展志愿服务活动，组织妇女志愿者，定期为孤老户、困难户"送环境，送健康"，进行卫生大清整；2018、2019年度，蓟州区妇联持续组织各乡镇妇联干部开展"清洁我家"创建"美丽庭院"互查、互看、互评、互学活动，营造了比学赶帮超的浓厚氛围；成立家政服务中心26个，为广大妇女搭建家政创业就业平台，为有需要的家庭提供家政服务的同时实现增收。

二、成果成效

"清洁我家"创建"美丽庭院"的长效机制基本形成，有效促进了活动的持续开展。全区"清洁我家"星级户10万余个，广大妇女的清洁意识明显增强，妇女素质得到了有效提升，在一定程度上促进了妇女就业增收，广大妇女的幸福感、获得感不断增强。

案 例 点 评

"清洁我家"创建"美丽庭院"是蓟州区妇联组织围绕中心、服务大局、服务妇女的有力举措，活动的开展改善了人居环境，改变了家庭固有观念，提振了广大妇女精气神，提高了妇女素质，促进了妇女增收、家庭和谐、邻里团结，该活动已成为各级妇联组织参与创建美好蓟州的一张亮丽名片。

同心共造古镇蜕变之路

宁河区宁河镇杨泗村妇联

杨泗村妇联以建设美丽家园活动为抓手，以"留白、留绿、留朴"为指导原则，重点解决村庄私搭乱建、柴草乱堆、垃圾乱扔、污水乱泼等农村环境治理的"老大难"问题，使杨泗村人居环境实现华丽的"大蜕变"。

一、具体措施

凸显榜样作用。"村看村，户看户，群众看干部。"杨泗村妇联在工作中走在前，干在前，不遗余力做好宣传工作，并以实际行动去影响、带动全体妇女同志和其他村民。村"两委"因地制宜决定发展庭院经济，妇联组织积极响应，号召妇女群众行动起来，实现家庭增收。村北街后园已经种植了由天津市农业科学院培育的葡萄树，未来其他三条街也将按照规划种植不同品种农作物。在清脏治乱环境整治专项治理工作中，杨泗村妇联带头行动，发现果皮纸屑随手清理，保证了村内环境的清洁。村里的"热心老妈"巡逻队由20名不同年龄段的"妈妈"组成，最小的30岁，最大的65岁。志愿者不仅以身作则，还教育子孙辈爱护环境。在榜样的带领下，村民的责任意识、参与意识、文明意识、环保意识逐步增强，私搭乱建、乱堆乱放、乱丢垃圾等现象逐步改变，卫生状况明显改善，村容村貌明显改变。

清脏拆违治乱普查。妇联先后多次组织妇女代表到宝坻小辛码头村、蓟州区小穿芳峪村等环境整治示范村参观学习。在拆违治乱的专项整治中，村妇联深入推进户厕改造、"美丽庭院"创建等工作，组织了"巾帼建功新时代　美丽庭院评比活动""建设美丽新农村　清洁家园评比活动"等一系列活动。全村妇女在微信群里争相发布自家照片，形成良性竞争。通过评比，涌现出了一批干净整洁家庭先进代表，群众从自家环境整治做起，参与到美丽乡村建设中。"屋内现代化，屋外脏乱差"的现象得到了明显的改善。

丰富农村文化生活新局面。村妇联始终以习近平新时代中国特色社会主义思想作为引领，及时组织村内广大妇女开展学习教育活动。拓宽宣传渠道，开展"反对家暴　依法维权"法治宣传等活动，镇村妇联、巾帼普法志愿者在村内挂设横幅、设立宣传点、分发宣传册，宣传倡导"男女平等，家庭和睦"新风尚。杨泗村妇联干部带领全村妇女积极参与镇妇联组织的各项活动，在"世界读书日"开展亲子读书活动；在"美丽庭院"创建中，依托传统节日，村妇联积极开展"重阳节观杨泗——你向往的村庄""我们的节日——元宵节赏花灯猜灯谜""学习雷锋快闪行动"，村内还成立了以妇女为主的秧歌队；在学雷锋日中，邻里之间互助互爱。通过全年不间断的精神文明活动参与，杨泗村形成了家风好、民风纯、政风清的良好氛围。

二、成果成效

截至目前*，全村共拆除违建190余处，面积9840余平方米，清除垃圾800余吨，种植果木5000余株，种植花草植被17000余平方米。

杨泗村妇联尊重妇女的主体地位，带领广大妇女率先转变经济发展模式，持续改善村容村貌，重点清脏拆违治乱，争先共建"美丽庭院"，共同丰富文化生活，使全体村民真真切切享受到了乡村振兴的发展成果。

　　* 本书案例征稿截止日期为2020年8月，故全书"截至目前""目前"时间点均为2020年8月，余同不注。

姐妹齐动手　旧貌换新颜

武清区高村镇妇联

为扎实做好农村人居环境整治工作，高村镇妇联以引领妇女和家庭建立科学文明的生活方式为重点，围绕"村庄、镇域、田园、农户庭院"，动员各方力量，整合各种资源，使全镇人居环境实现"大变脸"，乡村处处换新颜。

一、具体举措

村民齐动手，拆违治乱全覆盖。发动广大妇女迅速打响全镇域拆违治乱专项行动攻坚战。各村妇联主席挨家挨户发放拆违工作告知书，做通群众的思想工作，针对不同情况，全方位、多角度将政策讲通说透，争取和谐拆除。在妇女微信群中发拆违前后环境的对比照片，通过实实在在的对比，最终大家都加入拆违工作中来。各村妇联同专门工作组对村内违规建筑物进行全面调查摸底，不定期开展巡查，对排查出的违法违章建筑，发现一处，拆除一处，销号一处，严格将违建行为控制在萌芽状态。同时引导群众自觉抵制和纠正违法违章建设行为，将"拆违"不断推向深入，严防新问题再次发生。高村镇妇联干部充分发挥党员干部率先拆除示范作用，同时，全力协调帮助确有困难的村民拆除违章建筑。

传授新方式，垃圾分类速推进。中汉村在全镇率先开展垃圾分类试点工作并建立了垃圾分类积分兑换超市。中汉村妇联主席胡旭霞提出在垃圾分类宣传上采取"文艺+宣传"的方式，通过扭秧歌等文艺活动现场召开培训会，为村民普及垃圾分类知识。中汉村妇联组织妇女代表成立了志愿服务队，挨家挨户开展垃圾分类现场指导，"手把手"一对一进行指导帮带，教会群众正确垃圾分类方法。每月将垃圾分类考评小组的评分进行汇总公示，并负责定期开放积分兑换超市，

按照月累计分数为村民兑换相应生活用品，使垃圾分类和人居环境整治工作逐步走向规范化、制度化、常态化。

活动促文明，"美丽庭院"共建成。高村镇妇联举办了三场千村美院家庭运动会，吸引了60组家庭参与。通过开展"垃圾分类投篮""文明条例我最记得牢"等趣味运动，倡导低碳生活理念，让广大妇女群众从活动中了解创建千村美院活动的意义。组织村妇联、广大妇女群众开展"美丽庭院"创建巾帼大宣讲，同时通过微信公众号、大喇叭广播等宣传发动群众主动、自觉参与农村垃圾整治行动。针对农村陈规陋习，以女性的文明进步带动家庭变革、以家庭面貌的焕然一新促进农村生活环境的提升，开展了一系列"美丽村庄""最美家庭""弘扬乡风文明先进个人"等切合农村实际、贴近农民群众的评比活动。镇妇联出方案、下标准、抓督导，村妇联带头创、争着创、帮着创，选树了一批妇女典型、儿童典型，并在微信公众平台、镇报等媒体进行跟进宣传，使创建成为大家的自觉行动和行为习惯。

二、成果成效

全镇共计拆除违建1526余处、面积103504余平方米，确保为2020年人居环境提升改造打下坚实基础。通过开展垃圾分类，中汉村2019年8月份产生垃圾15.79吨，2019年9月份产生13.5吨，减少14.5%，垃圾减量化初见成效。截至2019年10月15日，群众参与垃圾分类工作率由49.23%增长到94.63%。2019年武清区获评全国村庄清洁行动先进县，高村镇四个季度连续荣获全区"农村全域清洁化工作先进镇街"，里老、后侯尚、中汉、田户、碱厂、大周村6个村均荣获2019年武清区"农村全域清洁化工作先进村"。

案 例 点 评

高村镇妇联在农村人居环境整治工作中，充分发挥基层妇联组织的干事创业的强劲势能，凝聚了妇女同志共治共建的强大合力，不断提升和改善村容村貌，使广大群众在不断提高物质生活水平的同时，真真切切感受人居环境改变带来的获得感和幸福感。

以"美丽庭院"创建
助推魅力承德建设

承德市妇联

围绕"美丽家园"建设，承德市妇联坚持以"人美"为核心，以"五美"（人美、院美、室美、厨厕美、村庄美）为标准，深入推进"美丽庭院"创建工作，有效助推了新时代"生态强市、魅力承德"建设。

一、具体举措

坚持组织协调与健全机制相统筹，推动形成多方参与的"共建格局"。成立市、县、乡、村四级"美丽庭院"创建领导小组，强化台账管理、定期报送、调度督导、实地检查四项落实举措，形成市委统一领导、各级党委支持、妇联组织牵头、妇女家庭实践的创建体系。将"美丽庭院"创建纳入农村人居环境整治专项行动，列入各级财政预算，2019年，全市投入财政资金1166.45万元，为创建"美丽庭院"提供了坚实保障。把"美丽庭院"创建列入市对县（市、区）综合考核评价体系，制定创建标准、评选表彰办法和考核细则，加强督促检查，确保圆满完成全年目标任务。

坚持全域打造与特色引领相结合，力促"美丽庭院"创建向"纵深发展"。综合考量承德市乡村布局、产业基础、民风民俗等要素，与乡村振兴战略、农村人居环境整治、精准扶贫脱贫等重点工作相结合，指导县（市、区）分类谋划推进。在基础条件较好的农村以及重点生态功能区、国家生态旅游产业扶贫示范区、重要旅游景区周边农村全面铺开，依托满蒙文化、契丹文化，打造民族民俗类"美丽庭院"；依托长城景区、森林温泉及"国家一号风景大道"等旅游资源，打造高端民宿类"美丽庭院"；依托剪纸、布糊画、满绣等非物质文化遗产和传统农耕文化，打造休闲体验类"美丽庭院"，形成了一批各具特色、内涵丰富的创建品牌。

坚持发展产业与传承文化相促进，深化拓展创建工作的"美丽内涵"。为贫困家庭妇女开办乡村游、家政服务、药材种植等培训班，引进绢花、拉花等家庭手工企业；指导"美丽庭院"示范户见缝插绿，实现了拓财源、美家园的"双丰收"。依托"家风馆""农家书屋""乡村大讲堂""妇女微家"等特色载体，举办内容丰富、形式多样的文化活动，让群众在"美丽庭院"创建中增强获得感、幸福感。开展"赡养老人　巾帼展风采"活动，举办最美女性、最美家庭、好婆婆好儿媳评选、孝老爱亲道德大讲堂等活动。以紫塞巾帼爱心助家为载体，大力开展巾帼志愿服务，指导县（市、区）妇联开展"多帮一"庭院净化志愿服务行动，对贫困户、残疾户、鳏寡孤独户进行义务清扫卫生，以户容户貌提升促乡村华丽变身。

二、成果成效

承德市"美丽庭院"创建工作突出"五美"标准，做足绿色生态、民族民俗文化特色，对主村160户全部进行个性化"美丽庭院"打造，建设省级"美丽庭院"示范街。滦平县成立巾帼志愿者服务队235支，吸纳3500余名巾帼志愿者，定期组织开展卫生清扫、庭院评比、关爱互助等志愿服务活动600余场次；组织文艺宣传志愿者服务队编排快板《五美庭院谱新篇》《婆婆就是妈》等节目寓教于乐，让群众在参与中受教育、增动力。滦平县巾帼助力"美丽庭院"项目被评为市级"志愿服务创新项目"。

截至目前，全市已累计创建"美丽庭院"49.4万户，建立培树示范群18个、示范乡镇22个、示范村40个、示范街19个，滦平、平泉两县（市）已提前完成三年创建任务实现全域打造。

全市各级妇联组织团结带领妇女和家庭打造"美丽庭院"，发展庭院经济，以"美丽庭院"创建助推魅力承德建设，实现"美丽庭院"由人美、家美、院美向民风美、产业美、内在美的蜕变升华，在实现乡村全面振兴、建设美丽中国的实践中作出了重要贡献。

做好"美丽庭院+"文章 升级"美丽庭院"

邯郸市妇联

邯郸市妇联把"美丽庭院"创建作为深化"美丽家园"建设的重要抓手，全域推进"美丽庭院"建设，大力打造精品特色小院，引领广大家庭践行绿色生活理念、改善人居环境、弘扬文明新风、助力乡村振兴。

一、具体举措

"美丽庭院"+垃圾分类，打造生态美。邯郸市妇联通过开展垃圾分类讲座、发放倡议书和分类垃圾桶等形式，呼吁每家每户做好垃圾分类处理，以良好的生活习惯创建"美丽庭院"。每个县推出一个试点村，制定积分激励制度，由巾帼志愿服务队负责每月对各组农户的庭院美化和垃圾分类工作进行督查指导，参照评比标准进行综合打分，并建立"红黑榜"制度，对上红榜的农户给予公示表彰，以此提高家庭参与的积极性；运用新媒体，在各级微信公众号建立垃圾分类专栏，推广"垃圾分类新时尚"，第一时间传递国家垃圾分类法规政策，分享各类垃圾分类及废物利用小妙招，宣传健康向上的生活理念和低碳绿色的环保意识。

"美丽庭院"+家风家训，打造内在美。充分利用妇女讲习所载体，举办了家庭清洁、家风传承等各类专题培训300余期，培训妇女30469人次，开展了"晒晒我的好家风""我说我家""我爱我家——家风故事展"等活动，培树了百名最美家庭和千名好媳妇、好婆婆；同时，注重提炼家风家训故事，并以书法、绘画、楹联等各种不同形式上墙展示。如，省级"美丽庭院"现场观摩会的观摩点之一南街村，重点打造家风文化街，逐户征集家训格言，设计具有妇联特色的家庭格言牌，统一悬挂在庭院门前进行集中展示。

"美丽庭院"+产业文化，打造长效美。在创建特色"美丽庭院"时，根据农村特点和村民经济条件，结合村内产业和文化特色，因地制宜、因户制宜，将历史底蕴、传统特色、个人爱好等融入庭院建设中，努力打造一户一景、一户一韵的"美丽庭院"。在农业县区，打造粮画小院、菊花小院、果蔬小院等；在旅游发达县区，指导家庭打造民宿庭院和手工制作庭院，通过农家乐经济和出售特色手工工艺品增加家庭收入；位于主城区内的"美丽庭院"创建，打造书香庭院、传统民俗庭院、书画丹青庭院等，真正将"美丽庭院"与"产业经济""文化乡愁"有效结合，实现了社会、经济、生态效益多赢，形成"要我创建"为"我要创建"，激发了创建内生动力，实现创建长效化。

"美丽庭院"+志愿服务，打造发展美。自"'美丽庭院'巾帼服务队"成立以来，以宣传引导、监督检查、结对帮扶等志愿服务引领家庭成员自觉参与"美丽庭院"创建等文明行动。各级服务队制定每月"清洁周"，组织生活垃圾分类收集、分类投放，庭院美化等知识宣讲活动；帮助清洁整改庭院，提出意见、建议；主动结对空巢户、老年户等，以上门宣传、示范指导、主动帮扶等形式，使结对的农户庭院环境有明显改善，"美丽庭院"巾帼服务队成了农村一道亮丽的风景线。

二、成果成效

截至2019年年底，全市共创建"美丽庭院"884039户，特色精品庭院205216户，重点打造了垃圾分类小院、绿色植物小院、果树小院等环保庭院，礼仪小院、智慧小院、忠孝小院等好家风庭院；带动帮助100万余户家庭清理庭院，达到"美丽庭院"创建标准。同时，集中打造了一批传承乡土记忆的"美丽庭院"精品片区，促进了庭院经济，提升了庭院文化，为建设"经济强省、美丽河北"和"富强邯郸、美丽邯郸"作出了积极贡献。

案 例 点 评

邯郸市妇联通过打造升级版"美丽庭院"，挖掘本地家庭文化内涵和风土人情，做出特色，彰显品位，充分体现庭院创建的个性美、特色美，做出了品牌，引领工作实现质的提升。

争创"美丽人家" 助力乡村振兴

晋中市太谷县妇联

为深入贯彻落实习近平总书记视察山西时的重要讲话精神，太谷县妇联紧扣"争创乡村振兴示范市"的目标定位，以"创建美丽人家、助力乡村振兴"为主题，以"洁化、序化、绿化、美化"庭院为目标，带领全县广大妇女群众积极开展"美丽人家"创建行动。

一、具体举措

认真部署，群策群力。太谷县妇联组织召开星级"美丽人家"创建工作启动暨现场推进会，并结合实际制订了《太谷县星级"美丽人家"创建行动实施方案》。县妇联携手女企业家，深入"美丽人家"示范户"手拉手"结对创建美丽人家，根据庭院结构、家居环境、文化内涵、就地取材、变废为宝，并提出创建意见和想法，共同致力于打造"一院一景、一户一韵"的特色美丽人家。

广泛宣传，营造氛围。利用线上线下开展宣传活动。通过会议、田间地头、微信公众号，发出"美丽庭院她添彩 巾帼建功新时代"倡议书，广泛动员全县广大妇女群众投身"美丽人家"建设。组织妇女群众、志愿者整理庭院，清除街道垃圾美化环境，为"美丽人家"贡献巾帼力量。在"美丽人家"示范户庭院醒目位置，亮晒家规家训，形成家家户户行家规、严家教、守家规、正家规的良好氛围；开展"家家幸福大篷车"巡讲活动，进一步引导广大家庭树立文明家风，促进家家幸福安康。

典型引领，提升能力。发动妇联执委结合自身优势和行业特点，每人至少在乡村人居环境改善中领办一件实事，引领、服务广大妇女和家庭在"美丽人家"创建中发挥主力军作用。外出学习交流，组织各乡镇及示范村妇联主席，实地外出学习"美丽庭院"建设先进经验，助推"美丽人家"创建行动的实施。开展技能培训，围绕乡村振兴示范廊带建设，开展了"美家美园庭院课堂"技能培训，举办实施蔬菜科技培训、手工艺等培训，有效提升了妇女庭院建设能力。

二、成果成效

根据"五美"标准19项评分细则，在全县乡村振兴示范村创建中评选出1200户星级"美丽人家"，并由县妇联根据一村一特色全部悬挂了标识牌。充分发挥妇联在家庭文明建设中的独特作用，带领全县广大妇女群众积极开展"美丽人家"创建行动，进一步引领广大家庭实现庭院居室环境美、创业增收生活美、敦亲和睦家风美、诚信立德心灵美、助人为乐行为美。

案 例 点 评

通过因地制宜、分类施策、示范带动，促进了庭院革命的提档升级，充分引导妇女和家庭发挥装扮"美丽庭院"，建设美好家园的积极性、主动性和创造性，推动乡村振兴示范村建设不断深入。

用"三爱"绘就美丽乡村新画卷

大同市左云县妇联

依托"美丽庭院"创建，左云县马道头乡妇联努力探索新思路、新方法，倡导广大妇女爱美、爱家、爱劳动，用自己勤劳的双手，绘就家乡新面貌。

一、具体举措

高度重视，规划先行。组织马道头乡各村妇联主席开展宣传动员。通过宣讲活动的重要意义、分配工作任务来激发群众热情，变"要我建"为"我要建"，变"等等看"为"主动干"。妇联对各村深入开展调研走访，坚持做到活动布局整体合理，特色鲜明。

发动群众，建立文明生活方式。发动村民从自身做起、从家庭做起，改变生活陋习，建立科学文明的生活方式，达到庭院美、室内美、景色美、生活美、村庄美的"五美"目标和庭院净、居家净、厕所净、畜舍净、仪表净的"五净"要求，带动美丽乡村建设，积极引领广大农村妇女参加，改变家庭卫生观念和生活习惯，弘扬中华优秀传统美德，建立健康文明生活方式，形成"处处美丽、院院整洁、家家和谐"的乡村人居环境。

二、成果成效

在全乡妇女群众的共同努力下，如今的马道头乡，庭院里绿树成荫、街道上干净整齐，推门见绿，抬头赏景，起步闻香，一处处"小家美"成就了"全村美"，一户户"美丽庭院"扮靓了"美丽乡村"。

案 例 点 评

左云县马道头乡妇联注重争取党委、政府支持，依靠妇女群众开展富有成效的工作，串珠成链，以"三爱"推动"美丽庭院"成为亮丽的工作名片。

小庭院　大经济

乌兰察布市四子王旗妇联

为切实贯彻落实脱贫攻坚工作部署，乌兰察布市四子王旗妇联以创建"美丽家园"为载体，以"乡村振兴巾帼行动"为依托，积极发展庭院经济，美丽增效两不误。

一、具体举措

广宣传。四子王旗妇联充分利用各类媒体和农村"妇女之家"文艺宣传队，大力宣传发展庭院经济的重要意义，宣传政府扶持支持妇女创业的优惠政策，并连续数年在全旗范围内为广大农村牧区妇女发放果树、葡萄及各类蔬菜秧苗和蔬菜花卉种子，激发广大妇女群众发展庭院经济，建设美丽家园的热情。

早动员、早部署，科技培训为庭院经济注入活力。旗妇联早动员部署发展庭院经济方面的措施，实施"科技传帮带工程"，多次组织科技人员对村民开展针对性培训，切实让广大妇女掌握一技之长，为发展庭院经济注入活力，使妇女们在自家的小院里也可以大显身手，营造百万妇女发展庭院经济，家家户户持续增收的良好氛围。

创评比、选样本，充分发挥典型示范带头作用。旗妇联通过树立典型，以户带户、以点带面的方式，逐步扩大辐射范围，使庭院经济形成规模，为农村妇女脱贫增收架桥铺路。在全旗范围内持续开展以庭院净化、绿化、美化为主要内容的"美丽庭院"创建评比活动，召开"助力脱贫攻坚、建设美丽家园"评比表彰现场推进会，以评星定级的方式对评选出的"美丽庭院"示范户进行了现场表彰。通过充分发挥典型的示范引领作用，辐射、带动其他农牧民跟着干、主动干、想着干，逐步形成小规模、大群体，小产品、大产业的庭院经济发展模式。

培育文明乡风，练厚发展庭院经济"内力"。旗妇联通过官方微信公众平台、"妇女之家"文化展示墙等宣传载体，广泛宣传妇女中的各类先进典型；持续开展"传承好家风好家训"巡讲活动，引领广大农村妇女践行社会主义核心价值观，形成了孝老爱亲、夫妻和睦、邻里互助的良好风尚，以家庭文明带动社会文明。

建设美丽家园，助力打赢脱贫攻坚战。旗妇联以"小庭院，大经济"的发展路子为全旗打赢脱贫攻坚战添砖加瓦。旗妇联把发展庭院经济与乡村振兴巾帼行动相结合，坚持规划先行，深入调研，结合实际，科学规划，精准实施，实行居住、种植、养殖"三区"分离，充分利用房前屋后的闲置土地，发展各具特色的庭院养殖、种植、家庭手工业等，一个个农家庭院的"方寸地"变成了农牧民增收致富的"聚宝盆"。

二、成果成效

从经济效益上看，美丽家园的建设，使社会经济发展和妇女个人增收达到了双赢，有效助推了脱贫攻坚工作的顺利开展。从社会效益上看，通过开展寻找"最美家庭"传承好家风好家训、"美丽庭院与我家变化"妇女恳谈会等形式多样的活动，极大地提高了广大农村妇女的积极性，助推了农村移风易俗和乡风文明建设，使广大农村焕发出产业兴、生态美、乡风淳、百姓富的繁荣景象。

案 例 点 评

四子王旗妇联发展庭院经济、建设美丽家园行动，不仅扩大了产业链，而且实现了广大农村妇女不必外出打工，在自家门前就能创业增收的美好愿望，农村增收的潜力被深层次挖掘，成为全旗妇女工作的亮点。

展巾帼风采　创美丽家园

乌兰察布市商都县玻璃忽镜乡妇联

玻璃忽镜乡妇联立足村容村貌的改观，以"美丽家园"建设为重要抓手，广泛宣传动员，积极创评赶超，开创出工作新局面。

一、具体举措

广泛宣传。各村通过张贴条幅、标语，建立微信群，组织妇女分组入户等方式，大力宣传建设"美丽家园"的重要意义。

充分动员。召开全乡基层妇女干部动员会，入村入户进行宣传，动员广大妇女干部积极行动起来。要求各村委会妇联主席和执委在保证自身建设的情况下，先从亲戚好友入手，然后由亲戚好友再动员他们的亲戚好友，以此类推，层层推进，让广大妇女参与到"美丽家园"创建活动中来。从建设"美丽庭院"抓起，对院落进行打扫，保证房前屋后无杂草乱土、院内整洁有序、厨房锅台抹布干净利落。

开展"美丽家园"群众创评活动。按照商都县妇联的安排，结合各村委会的爱心超市，进行积分制奖励，以点带面，示范带动。针对"美丽庭院"、最美家庭、好婆婆、好媳妇、热心公益事业等方面设立了不同等级积分，各村委会、基层妇联组织成员分组入户打分评选，为公平公正，对评选出来的每家每户积分进行了公示，然后用积分兑换奖品给予激励。同时通过发放流动小红旗，增强每个家庭的荣誉感、紧迫感，营造家家比整洁、户户比文明的气氛。

完善机制，务求实效。一是各村委会妇联组织妇女代表定期对农户进行回访，对环境卫生整洁变化大，能连续保持三个月以上的农户，村委会将再次给予奖励。二是组织妇女到"美丽家园"示范户进行观摩，同时也到"美丽家园"差的家庭中进行现场指导，形成后进赶先进、先进更先进、互比互学的良好氛围。三是通过召开"70年我的家与国"女性恳谈会，以及宣讲"最美家庭"故事，宣传正能量，引领妇女听党话、跟党走。

二、成果成效

目前，玻璃忽镜乡各村村容村貌有了极大的改观，妇女们互比互争，创新方式方法，为了提高精神风貌，她们自主创建秧歌队，为村容村貌增添了亮丽风采，从拉闲话、打麻将的陋习中走向健身、唱歌活动中，在移风易俗方面起到了很好的带动引领作用。

案 例 点 评

妇女能顶"半边天"。玻璃忽镜乡的妇女在创建"美丽家园"活动中，由过去的"引导"逐渐转化为老百姓的自觉行动，吸引更多的妇女与家庭参与到"美丽家园"创建活动中来，让妇女在活动中"当主角""唱大戏"，激发她们的内在动力，在建设富裕、和谐、文明的家园中奉献巾帼之力。

激发妇女主体意识
共建共享美丽乡村

赤峰市敖汉旗萨力巴乡妇联

围绕内蒙古自治区妇联的工作部署，萨力巴乡妇联以建设"环境生态宜居、生活文明健康、社会幸福和谐"的美丽乡村为目标，充分依靠妇女群众，开展"美丽家园"建设活动，取得积极成效。

一、具体举措

积极宣传，营造氛围。一是各村妇联以妇女之家活动为载体，积极组织巾帼志愿者向群众及周边商户宣传"美丽家园"建设活动，引导、鼓励群众积极参与；二是通过发放倡议书、宣传品，张贴宣传条幅，面对面宣讲等，把宣传发动工作做到街头巷尾；三是通过巾帼工作群、巾帼志愿者微信群、QQ群等，将乡、村妇联干部、执委与广大妇女群众联系起来，实现网上实时互动。乡妇联发放宣传单、宣传手册10000余份，在全乡形成了"户户争创、比学赶超"的浓厚氛围。

定期培训，不断学习。一是乡妇联依托各村妇女之家，定期举办"美丽庭院"大讲堂活动，使妇联干部、执委深刻认识"美丽家园"建设的目的、意义、内容、方法等；二是各村妇联因地制宜，通过组织观看相关视频，入户宣讲等方式，加大对"美丽家园"建设相关知识的宣传。截至目前，全乡共举办"美丽庭院"大讲堂15次，培训人数1000余人。

观摩评比，示范带动。各村妇联结合实际情况，通过线下与线上相结合的方式，组织评比、观摩活动，吸引更多家庭参与到创建活动中来。线下评比主要以入户打分为主，由乡、村干部和妇联主席组成评比小组，对候选户进行入户打分；线上评比主要通过"秀一秀""晒一晒""比一比"，结合"五美"标准和点赞数量作为评选标准。

二、成果成效

全乡共评选"美丽家园"示范户730户，萨力巴乡人居环境得到明显改善，群众生活质量和幸福指数显著提高，在全乡形成你争我创、家家不甘落后的争创热潮。2019年6月，萨力巴乡萨力巴村成功承办全旗"美丽家园"建设现场推进会，同年，萨力巴乡被评为全国乡村治理示范乡。

案 例 点 评

萨力巴乡妇联以"美丽家园"建设为切入点，最大程度地发动妇女、宣传妇女、吸引妇女，积极参与农村人居环境整治，切实激发妇女的主人翁意识，不仅为工作的开展赢得劳动力，同时也引领妇女走出一条自觉参与、自我管理、自我服务的美丽家园建设之路。

以庭院整洁助力"千村美丽、万村整洁"

辽宁省妇联

辽宁省妇联始终坚持深入贯彻落实习近平总书记关于改善农村人居环境的重要指示精神，通过实施"绿美家园、巾帼行动"等方式，引领广大妇女积极投身美丽家园建设。

一、具体举措

抓规划、重设计。辽宁省妇联制订印发《辽宁省"千村美丽、万村整洁"行动庭院整洁工作实施方案》，确定庭院整洁主要任务、推进措施，以盘锦市、新宾县为模板，分别制定了整洁庭院、"美丽庭院"创建工作指导标准。深入沈阳、抚顺、营口、辽阳、盘锦五市13个村屯开展庭院整洁工作专题调研。组织131名全省各市、县（市）区及部分乡镇（街）妇联干部走进沈阳、抚顺、辽阳、盘锦四市，观摩学习、交流总结庭院整洁工作经验做法，专题培训村庄清洁、垃圾分类知识，部署下一步工作，推动工作向纵深发展，促进庭院整洁工作整体提升。各级妇联组织积极响应，因地制宜，制订方案，召开动员会、誓师会、推进会等，开展多种形式的创建活动，推进庭院整洁工作实现良好开局。

抓宣传、聚共识。"新媒体+主流媒体"线上线下全面宣传。向全省农村家庭发布图文并茂H5《凝聚巾帼力量　建设美丽家园》倡议书。利用报纸、电视等发布倡议，推出专题报道。各级妇联邀请专家开展培训，组织妇联干部、巾帼志愿者、"炕头讲解员"发放实用宣传品，采取"小手拉大手"方式把宣传环保知识、垃圾分类方法引入校园。主动送课下乡进村，开展培训，入户发放海报、宣传册、环保袋等主题宣传品，提升妇女及家庭绿色环保理念和健康文明意识。

抓载体、建队伍。坚持"党建带妇建",打造督导、服务队伍,指导各级妇联吸纳乡镇(街)、社区热心公益并有一定影响力的巾帼志愿者、学校教师、广场舞骨干、女党员、女典型等,组成"巾帼督导团""大嫂检查团"等志愿服务队,进院入屋打分、搞评比、晒文明等督导推进。推出了"庭院+N""美丽庭院"升级版、网格化管理、垃圾分类积分兑换奖品,月抽查、季展播、半年拉练、年度表彰等措施。各级妇联编创"清洁村庄,从我做起""我们的家园美美哒""五指分类你我他,美丽家园靠大家"主题广场舞、快板书等文艺作品。

抓典型、强示范。辽宁省妇联把整洁庭院与乡风文明建设结合起来,确立"庭院美、居室美、绿化美、人文美"的标准,在全省每个行政村(涉农社区)评选1户"美丽示范庭院"。以"晒晒我家小院子"的方式,多角度展示"美丽庭院"典型,在全国妇联女性之声、省妇联"巾帼秀辽宁"展播"美丽庭院"。各级妇联通过评选"绿色庭院示范户""巾帼美丽花墙""最美文明一条街",与金融机构联合开发"美丽农家贷"产品,对典型户给予借贷资金优惠扶持等。

二、成果成效

妇女整洁意识显著提升,实现由"要我建、要我改"向"我要建、我要改"转变,推动"一户美"变为"一片美""全域美"。各级妇联组织开展"绿美家园 巾帼行动"巾帼志愿活动5398次,引导妇女动手清理卫生死角、杂物等76824处,拆除废旧禽圈舍13831个,整理草垛26786个,集中清理垃圾17588车,以庭院整洁美丽促进了村庄清洁。全省评选出了1.1万余个"千村美丽、万村整洁"行动"美丽示范庭院",全省各级妇联已评选"整洁庭院""美丽庭院"示范户、候选示范户等20万户。

案 例 点 评

辽宁省妇联坚持围绕中心服务大局,指导各级妇联组织找准定位,主动作为,以抓宣传、抓标准、抓典型为切入点,组织动员广大农村妇女在庭院整洁中发挥主力军作用,积极参与提升村容村貌、改善人居环境,实现良好开局,为乡村振兴及美丽乡村建设注入新的动力和活力。

美丽家园　巾帼先行

盘锦市妇联

围绕省妇联"千村美丽、万村整洁"的工作要求，盘锦市妇联在全市开展创建"最美村屯""最美庭院"活动，引导组织农村妇女参与宜居乡村建设。

一、具体举措

高度重视，勇于担当。自2014年起，盘锦市妇联勇于担当，承担了全市"宜居乡村建设"整体部署中"庭院美化工程"的重任。为了最大程度获得农村妇女的参与支持，市妇联以家庭环境卫生整治为切入点，发出"致全市农村妇女的一封信"，动员农村妇女动手开展家庭环境卫生整治；出台了《盘锦市农村家庭环境卫生治理工作实施方案》《盘锦市农村庭院美化工程实施方案》《关于评选盘锦市庭院美化工程示范村（社区）的通知》等一系列具体实施方案，以制度夯实并保障各项工作顺利开展。

率先垂范，典型引领。市各级妇联层层开展培训，举办召开座谈会、经验交流和评比表彰，推广先进工作经验。通过"最美村屯""最美庭院"评比活动，确保每个乡镇都有先进示范村，每个村都有示范家庭，以点带面发挥典型示范的辐射引领作用。

多措并举，扩大影响。坚持每天在农村循环播放"一封信"和庭院环境卫生治理倡议书，利用文化广场演出、张贴宣传画、广播电视和新媒体进行广泛宣传，形成强大宣传攻势。发放"一封信"23万份、宣传画5万张，垃圾分类宣传单20万份；举办"美丽家庭大讲堂"培训679场，听众达7万余人次；推送"燃气安全常识""垃圾分类常识"和"燃气壁挂炉使用常识"，累计点击量达到3.7万人次。

开展竞赛，调动积极性。开展"小手拉大手，文明卫生进万家""家家户户齐动手，干干净净过大年""魅力乡村滨海盘锦摄影大赛""请看我家新变化""四比四赛"等活动,通过举办安全知识进万家、燃气安全知识大赛、农村垃圾分类知识普及大赛等活动,推动建设美丽乡村变成村民的自觉行动。

二、成果成效

在各级政府和相关部门大力支持下,盘锦市妇联推动铺设院内甬路40562条,623.23公里;拆除废旧畜禽圈舍13831个,新建仓房仓储区8539个,整理草垛26786个,整理杂物堆46120个;发放花籽400余斤,发放葡萄苗81700株,在13镇21个村示范打造葡萄绿廊、种植果蔬、发展庭院经济及民宿产业,带动村民增收致富。全市所有农村庭院卫生合格率已达90%以上,165个示范村、美丽村庭院卫生达标率达95%以上,实现绿化、净化、美化、亮化的目标。评选美丽示范村42个,美丽示范户357个。各级妇联干部高频率深入村屯、农户家中,面对面地征求意见,实地检查,全市395个村19.5万户家庭处处留下了她们的身影。成立巾帼志愿服务队、大嫂评审团,群众参与热情和主动性逐步提升,美丽乡村建设如火如荼,深入民心。

为推动庭院美化工程常态化长效化,盘锦市妇联出台了系列包扶、督导、评比制度,管理有目标,考核有标准,检查有办法,评比有展示,学习有榜样,形成卓有成效、可复制可推广的盘锦模式,为全省工作的推进提供了有益借鉴。

垃圾分类助力美丽乡村妇女行

抚顺市新宾满族自治县妇联

作为全县农村生活垃圾分类及资源化利用工作成员单位之一，新宾县妇联发起"美丽乡村妇女行"活动，以大宣传、大培训、大评比、大表彰、大展示为抓手，积极推进垃圾分类等工作，深入开展"最美庭院"建设。

一、具体举措

强化宣传倡导，提升环保意识。新宾县妇联对全县220名镇村两级妇女干部进行了主题为"推行垃圾分类减量，建设幸福美丽满乡"的环保知识培训和环保知识竞赛，开展"最美庭院"评选活动，对评选出的"最美庭院"，给予挂牌表彰和新闻报道。"最美庭院"家庭典型陆续在县电视台、"新宾妇女之家"微信公众号上进行了宣传报道。印制10万份《致全县妇女和青少年的一封信》和美观实用的宣传品，组织镇村两级妇联干部走村入户，发放到每个农村家庭。同时在乡村大集等时机，利用镇村两级妇女之家及"新宾妇女之家"微信公众号广泛发布倡议书和环保小常识，有计划地开展工作宣传。

发挥妇联组织作用，率先落实行动。县妇联充分发挥巾帼志愿服务优势，招募200余名巾帼环保志愿者，定期开展美丽乡村活动宣传，活动宣传知晓率达100%。通过多层级拉练活动，首先是县妇联带领乡镇妇联、村妇联、村执委进村入户进行指导，统一标准和方法，然后由各乡镇妇联分头落实集中和分片拉练活动。通过层级联动的拉练督导，各村妇联主席和执委积极落实工作责任，分片包户督促检查，做到家家有人管，户户不掉队。2019年，县、乡、村三级已开展37次"美丽乡村妇女行"拉练督导和座谈活动。

制定庭院标准，选树最美庭院。县妇联将寻找"最美环保家庭"纳入省、市妇联寻找"最美家庭"工作布局，推出一批批独具新宾特色的最美家庭代表。制定"五美"考核标准，下发《关于开展"最美庭院"评比活动的通知》，全县181个行政村的妇联组织发动执委组建监督、评比小组，组织最美庭院季度评比，根据全年评比情况，县妇联予以挂牌表彰。

明确"责任区"，助力"七美"新宾建设。2019年起，新宾县妇联牵头负责县委出台的新宾"七美"方案中"户院小环境"整治工作。按照县委赋予妇联新的职能及省市妇联"千村美丽、万村整洁"工作部署，围绕同级党委的具体要求，落实县妇联班子成员联系乡镇、乡镇妇联干部联系村屯及村妇联干部和妇联执委联系农户制度。开展全县新一轮村妇联主席培训会，明确责任区，完善并下发最美庭院创建标准，培训创建办法，学习交流先进镇、村工作经验。健全村级宣传阵地，在每个行政村妇女之家设置"最美庭院"宣传板和评比墙，展示最美庭院典型家庭。

二、成果成效

几年来，全县各级妇联组织开展建设"最美庭院"活动等宣传3000余次，农村家庭妇女宣传覆盖率达100%，家庭环境保护的知晓率、认同率和参与率有了显著提高。评选出各级"最美庭院"3497个，荣登各村"最美庭院光荣榜"，妇女参与活动的热情得到有效激发。

新宾县妇联以多种方式吸引广大妇女和家庭参与美丽家园建设，通过参与起来、动起来、赛起来，一件件点滴小事感染和激励着村民，真正让家园更整洁、更和谐、更健康、更文明。

以"五联共建"模式激发
"美丽家园"建设新动能

敦化市妇联

按照吉林省妇联工作部署,敦化市妇联以"美丽庭院 干净人家"创建为载体,用"五联共建"模式按下"美丽家园"建设"快进键",引领广大农村妇女成为扮靓家园、美化村庄的主力军。

一、具体举措

积极争取支持,推动部门联合。将"美丽庭院 干净人家"创建工作纳入全市目标绩效考评体系和农村人居环境整治"十大行动",并持续加大财政资金投入力度,2020年统筹安排"美丽家园"建设专项经费500万元。联合敦化市委组织部、市农业农村局、团市委和卫健局等相关部门制订下发《敦化市开展"美丽庭院"、干净人家评选创建活动工作方案》,明确创建目标和实施步骤。联合市教育局在全市各乡镇中小学开展"小手拉大手,争做'美丽庭院'、干净人家小达人"文明实践活动,推动形成"教育一个学生,带动一个家庭,影响一个村庄,文明整个社会"的良好社会风尚。

注重线上线下联动,积极发动群众参与。向全市农村妇女发出"改善人居环境·建设美丽家园"倡议,通过录制"五美""五净"创建标准音频,利用村村通大喇叭在镇、村"妇女之家"和"妇女微家"循环播放,原创《"美丽庭院"三字经》并编排成广场舞,吸引广大妇女和家庭参与其中。运用近400个市、乡、村级微信群及时宣传推广工作开展情况以及经验做法,在"敦化妇联"微信公众号推出"美丽家园创建展示接力"等活动,推动各乡镇晒做法、晒经验、晒成果。每年按季度召开创建工作动员会、推进会、观摩会和表彰会,促进各项工作扎实开展。

坚持党建引领,彰显巾帼特色。按照"住户相邻、互帮互助、协同关爱、携手发展"原则,采取"N户互联"模式,以村(组)内相邻住户5~15户为一组，由村（两委）干部、党员、妇联干部等担任联建组长，责任到户，各村屯妇联通过卫生评比、示范挂牌、试点户以奖代补等方式调动群众的积极性，坚持引导不间断、活动不间断、动态查评不间断。以巾帼志愿服务队为抓手，由村妇联主席、执委和女村干部、女能人组成的303支巾帼志愿服务队，累计开展栽花种草、庭院保洁、宣传宣讲等志愿服务千余次。

二、成果成效

累计创建"美丽庭院 干净人家"3万余户，先后培树3户家庭获得省级"美丽庭院 干净人家"，16户家庭获得州级十佳"美丽庭院"，打造出闪亮的巾帼工作品牌。

案 例 点 评

敦化市妇联以"美丽庭院 干净人家"创建活动作为撬动乡村振兴的突破口，打造了合力共建、群众参与的常态化工作格局。在"美丽家园"建设的路上，积极以小家美促动乡村美，促进广大群众的获得感、幸福感不断提升。

绣笔描绘新画卷
巾帼花开别样红

白山市靖宇县妇联

为进一步助力美丽乡村建设，提升乡村人居环境，靖宇县妇联深入开展"五净一规范"净美家庭创建活动，在全县掀起洁净之风。

一、具体举措

找准定位，牵总统筹。将"五净一规范"净美家庭创建作为妇联组织助力乡村振兴、美丽家园建设的着力点，联合团县委等部门，召开了"建功新时代·建设美丽家园"暨争创"五净一规范"净美家庭文明实践活动动员会，制订下发了实施方案。充分发挥村级妇联立体化线上线下组织网络优势和2109名村妇联干部、执委的能动作用，全县8个乡镇111个行政村层层动员，分别签订责任书，广大机关干部、村干部、妇联干部及巾帼志愿者积极参与活动当中，迅速掀起人人争创"五净一规范"净美家庭的高潮。定期为特困、残疾、孤寡老人提供卫生清扫、整理杂物、关爱互助等服务，对脏乱差的家庭和庭院绿化美化进行现场指导、教学，通过志愿服务"感化帮助"整治户，彻底改变不良生活习惯，引导更多的妇女及家庭争做净美家庭示范户。

宣传发动，全面参与。采用多种形式促宣传。以净美家庭创建为主题，充分发挥巾帼文艺宣传队作用，采取三字经、歌舞等群众喜闻乐见的形式，号召全县广大家庭积极参与到争创"五净一规范"净美家庭活动中来。通过当地媒体及妇联微信公众号等，及时宣传报道活动进展情况，真正让"五净一规范"活动家喻户晓，入心入脑。

聚焦重点，立行立动。全体妇联干部实行"一线"工作法，即：每人包保两个乡镇——督导一线，每周了解工作开展情况——调度"一线"，每周入村入户开展工作——指导"一线"。将各村各户家庭按户进行分类，按照"五净一规范"标准分成示范户、合格户、整治户，并进行网格化管理，对每家每户"因户施策"、分类指导，研究每户的具体整治方案。建立了一批"美丽家园"爱心超市，通过积分制方式在超市兑换相应的物品，引导广大妇女及家庭树立文明生活理念，激发贫困群众的"脱贫志"。建立了三级妇联"e家园"微信群，每日在微信群通报各乡镇"五净一规范"工作开展情况，参加随手拍活动，形成"互检互查、互评互比"良好氛围。

评选表彰"比"。设立家庭环境卫生红黑榜、评比积分榜，将各户卫生情况公开，根据周评、月评、季评结果，评选"净美家庭"示范户，并给予一定的物质奖励。通过评典型、树标杆，以先进带后进，串线成面。

二、成果成效

全县家庭全部参与到活动当中，共选树"美丽庭院、干净人家""最美家庭"等各类典型1877户，帮助244户整治户实现卫生整洁，广大家庭由原来的"脏、乱、差"正逐渐向"洁、净、美"转变，家家户户面貌焕然一新。各乡镇分别选出示范村，并结合各自实际，或在打造巾帼文明一条街上做文章，或在巾帼家美积分超市上巧设计，或在家庭绿化美化上下功夫，精心实施，浓墨重彩，打造出一道道亮丽的农村风景线。

案 例 点 评

靖宇县妇联有效激发了广大妇女和家庭在争创"五净一规范"净美家庭活动中自我参与、自我教育、自我管理意识，形成了人人参与美丽家园建设、家家不愿落后、户户争做最美的良好氛围，打造了净化美化环境、弘扬文明新风、共助脱贫攻坚的良好风尚。

"五美"创建助推乡村振兴

通化市辉南县妇联

辉南县妇联以"美丽庭院"创建为突破口,通过庭院整洁环境美、创业致富生活美、好学上进才识美、家庭和谐关系美、精神富有心灵美"五美"创建,团结带领广大妇女共建共享生态宜居、文明和谐的幸福美丽家园。

一、具体举措

明确好思路。辉南县妇联以"乡村振兴巾帼行动"为统领,以"清洁我的家"环境整治行动、"绿化我的家"庭院示范行动、"文明我的家"家风培育行动、"美化我的家"美丽提升行动四项行动为抓手,与新农办密切配合,制订下发《辉南县"美丽庭院 干净人家"提档升级工程实施方案》。

营造好氛围。坚持新老媒体并用,一方面充分利用屯屯通大喇叭工程,早、中、晚定期播放创建活动的目的意义;另一方面通过辉南县广播电视台、微信、微博等新媒体将"美丽庭院、干净人家"创建情况、经验做法进行推送。同时,广泛开展宣传教育、引导,印制展示板800多张,张贴海报600多张,发放宣传资料5000余份、倡议书8000余张,悬挂条幅近百条。

打造好风景。把"美丽庭院"创建与寻找"最美家庭""好家风家训"等家庭文化建设活动相结合,通过评选"好家风家训故事"、评树"好婆婆""好儿媳"等先进典型,挖掘"仁义、勤洁、廉孝"家风,开展"家风家训挂庭院、进

礼堂、驻心堂"活动，在"妇女之家""新时代传习所"开展形式多样的"最美家庭"故事分享会，春风化雨，细致入微地做好思想引领。

创新好做法。各乡镇立足实际，勇于创新。金川镇永丰村利用玄武岩特色资源构建墙体，形成一村一品、一户一景、独具观赏价值的特色庭院。杉松岗镇实行"五户联创"机制，即以相邻五户为单位，突出重点，集中力量先组织打造其中一户，然后通过带动，逐个打造其他四户，实现共同推进。石道河镇将创建工作与实施乡村振兴巾帼行动结合起来，为贫困户配备帮建负责人和美丽监督员，大力扶持基础条件好、创建成果明显的家庭，大力实施吉林妇女农家乐乡村休闲旅游项目，带动、吸纳贫困妇女通过从事乡村旅游产业脱贫致富。

探索好机制。将积极性较好的家庭和消极懒惰的家庭作为重点打造对象，以此带动中间户，形成"抓两头、带中间"工作格局，实现了创建活动全覆盖。以打造示范村镇为着力点，选典型，树标杆，充分发挥榜样带动作用和示范效应。同时结合全县脱贫攻坚工作，将其纳入"干部四同"工作内容进行考核，组织包保干部、先进党员、五星级示范户、巾帼志愿者等，对无劳动能力的贫困户、五保户、孤寡老人上门进行义务清扫，做到户户有人帮、家家有人管，实现了创建工程无死角。定期开展"美丽庭院、干净人家"打造工程观摩评比座谈交流活动，采取各乡镇推荐典型、巡回观摩、现场打分评比、现场挂牌的方式，对各乡镇的创建活动进行督促检查。

二、成果成效

如今的辉南小城，已经形成"处处风景、院院优美、家家和谐"的乡村人居环境，2016年荣获中国特色小镇称号，2019年荣获中国最美乡村称号，成为人人向往的美丽家园。仅2019年，创建省级"美丽庭院"2760户，干净人家3600户。

案 例 点 评

辉南县妇联"五个一"工作法有效推进了"美丽家园"创建活动的开展，通过将"美丽庭院"与民宿经营相结合，主动融入乡村旅游，带动产业经济发展，实现了社会、经济、生态效益多赢局面。

打造"四五"美丽家园

鸡西市妇联

鸡西市妇联以建设美丽宜居村庄为目标，积极引领广大农村妇女以"五治、五净、五化、五美"为标准，多措并举推进美丽家园建设，用"家园小美"汇聚成"乡村大美"。

一、具体举措

高站位部署，形成合力。坚持美丽家园建设"一盘棋"思想。一是加强顶层设计。制订下发"美丽家园"创建、"美丽家园"创建十百千万示范工程、环境卫生专项整治等活动方案。二是层层部署落实。形成各级党委牵头抓总、妇联具体负责、农业农村局、文明办等部门密切协作、上下联动合力攻坚的工作格局。三是深入宣传发动。充分运用乡村大喇叭、宣传栏、板报、微博、微信等多种宣传载体，通过成立宣讲团、发放倡议书、悬挂条幅标语、入户走访等形式，使"要我创"变成了"我要创"。

聚焦重点任务，打出组合拳。一是积极参与"四项革命"，即"厕所革命""菜园革命""能源革命""垃圾革命"。二是常态化开展环境卫生专项整治。将每年1月、4月、8月、12月定为美丽家园环境卫生专项整治月，单月最后一周定为美丽家园环境卫生专项整治周，每月最后一天定为美丽家园环境卫生专项整治日。三是着力培育文明乡风。

实施典型引领，打造样板。通过以点带面、典型带动、示范先行的办法，让农民群众"学着干、跟着干"。一是开展"十百千万示范工程"。通过"美丽家园随手拍""晒晒我美丽的家"等主题活动，发挥典型示范引领作用。二是观摩学习。组织县乡村妇联干部，在全国农村人居环境整治试点虎林市召开现场观摩推进会。三是层层拉练。因地制宜开展乡乡、村村、户户"三级拉练比武"，通过走一走、比一比、看一看，找差距查不足，补短板强弱项。

建立长效机制，打牢制度基础。一是建立专班推进机制。由鸡西市妇联主席亲自挂帅,组成督导组,深入乡镇、村屯、家庭,推进美丽家园创建。二是建立分类评比机制。由县乡村三级督查队定期开展评比检查、设立红黑榜,根据月评、季评、年总评的情况,实行分类动态管理。三是建立责任包干机制。采取乡妇女干部包村,村委会主任、村妇联主席包组,巾帼志愿者、妇女代表、女党员代表包户的方式,确保美丽家园创建不留死角。四是激励奖惩机制。利用专款、以奖代投等方式,购买小家电、日用品,或以赠送"全家福"大照片等手段,奖励表现突出的家庭。

二、成果成效

组织10万余名妇女开展环境卫生整治义务劳动2000余次,清理各类垃圾500余万立方米,清理边沟1282.65公里,完成乡村绿化面积6721.9亩。新增节能路灯7000余个、垃圾箱5万余个,新建乡村文明驿站1000余个。开展"乡村文艺大舞台""送戏下乡"、读书会、健身操大赛等群众性文化活动万余场次;评选最美家庭、五好家庭400余户,道德模范、好儿媳、好婆婆等500余人。命名表彰了20个"美丽家园示范乡"、260个"美丽家园示范村"、1100条"美丽家园示范街"、23000户"美丽家园示范户"。青山绿水的生态环境有效带动了乡村游、民宿、巧嫂农家乐等快速发展,无公害绿色小果园、小菜园、小花园等庭院经济有效促进了农民增收。

案 例 点 评

妇女是乡村振兴"美丽家园"创建的享有者、受益者,更是推动者和建设者。必须充分发挥农村妇女的家庭主角作用,通过以小见大,以小家园的优美,带动村村大环境的改善,建设更加美丽的乡村。

以家的小美组成乡村的大美

佳木斯市妇联

为深入贯彻落实全国妇联《关于开展"乡村振兴巾帼行动"的实施意见》和《黑龙江省妇联美丽家园创建活动实施方案》，佳木斯市各级妇联组织全力推进美丽家园建设，以庭院为抓手，全力推进美丽家园建设，取得积极成效。

一、具体举措

督导推进扎实有力。佳木斯市妇联建立了"巡查、评比、考核、奖励"四项机制，各县（市）区建立健全了村书记、村干部、妇联主席、志愿者、农户家庭五级网格，形成了一级抓一级、层层抓落实的工作格局。在全市各级妇联组织中开展"巾帼靓家园"环境整治活动。同步要求各村级妇联至少帮助一户建档立卡贫困户清扫室内外卫生。发挥乡村两级"妇女之家"阵地的作用，发布《"她"行动巾帼志愿者招募令》，招募庭院美化、乡村治理的专业人士和巾帼志愿者，全市共招募巾帼志愿者1000余人，组建环境整治巾帼志愿者队伍50支，建立了"佳小妹"巾帼志愿者联盟。开展巾帼环境整治志愿活动200余次。市妇联在各乡、镇、村设置了"巾帼环境整治一条街"，将每月25日定为"美丽行动日"。

从引领建到主动建，扮靓新家园。开设小信箱，征集创意海报、口号、创建小妙招500余条。制作了《最美庭院创建攻略》，提炼出创建十法，通过卡通

人物的形式，形象生动地把创建标准和方法广泛传递给妇女家庭，各县（市）区妇联层层转发。市妇联成立美丽家园创建小组，深入20个乡镇56个村屯，召开座谈会16次。制作视频博客展示创建成果。

从整洁美到乡风美，美有新内涵。开设了"美丽家园云课堂"系列专栏，推出"教你自己DIY来打造美丽

庭院"等专题活动，传播观看量达5万余人次。推
出"巾帼脱贫她力量"云系列，把"厕所革命、
能源革命、垃圾革命、菜园革命"作为美丽家
园创建的关键，发放疫情防护、公筷行动宣传资
料、印制厕所革命宣传日历，开展"垃圾分类、
巾帼先行""家庭低碳计划十件事"、绿色家庭
创建等活动。

推动庭院经济、农家旅游。启动全市"龙嫂
绿厨·庭院经济+"项目，5名女大户对接近300
名贫困妇女发展庭院经济。采取"政策+资金+
巧嫂农家乐"的方式，在全市建立25个以民宿体验、绿色采摘、农家餐饮、儿童
游乐、认养菜园等不同特色的示范基地。开展了女企业家助力乡村"小菜园"行
动，两年共认领小菜园289户，累计出资55万元，帮助贫困妇女走上了"庭院增
收""庭院绿化"之路。

从一元评到多元评，评出新动力。在原有评选标准的基础上增加了"五好"
标准，与各乡镇党委政府携手开展了环境卫生好、庭院经济好、家风传承好、生
活方式好、邻里关系好的"五好"活动。通过网络平台，以互评互议、图片分享
进行示范展播，督促各乡镇晒活动、晒经验、晒成果，形成了比、学、赶、帮、
超的浓厚氛围。

二、成果成效

评选命名市级"最美示范庭院"2261户，推荐命名省级"美丽家园示范乡
（镇）""美丽家园示范村""美丽家园示范户"555个。两年来，共选树了全
国、省市最美家庭168户，其中农村家庭达一半。

案 例 点 评

佳木斯市各级妇联以"思想引领、文化助推、文明创建、典型示范"为抓手，
统筹规划，科学设计，培树典范，积极发挥引领示范作用，确保工作扎实推进。

"善行义举红黑榜"打造边境最美县城

大兴安岭地区呼玛县妇联

黑龙江大兴安岭地区呼玛县妇联注重以"善行义举红黑榜"为载体,助力打造边境"最美"县城,积极建设"繁荣富庶、文明和谐、幸福美丽"新呼玛。

一、具体举措

以"善行义举红黑榜"为载体。一是明确创建要求。呼玛县妇联指导基层妇联制订下发寻找、评比、表彰方案,明确最美之星内容、标准和依据,建立奖惩机制。这种高标准起步、零门槛加入的模式,极大地激发了广大妇女参与"最美绿色家庭"评选活动的积极性。比如:主动清理自家房前屋后的垃圾,自觉做好垃圾分类,做到垃圾不乱倒、污水不乱排、杂物不乱堆、禽畜不乱养,积极配合村委会拆除私搭乱建,做到"应拆尽拆";教育家庭成员践行社会主义核心价值观,培育邻里和谐、夫妻和睦、尊老爱幼、热心公益、勤俭持家、教子有方、仪表整洁、举止文明、去除陋习、反对迷信、拒绝浪费等良好家风。

强化思想宣传。呼玛县妇联确定了"呼玛是我家、美丽靠大家"宣传口号,向广大妇女发起倡议,争做"创建最美庭院 助力人居环境大整治"的参与者,把"家庭卫生搞得好,妇女更有话语权,家人关系好不好,妇女自律很关键"的思想宣传到位。

严格评选程序。在组织评选过程中坚持公开、公平、公正。县包村领导、镇包村干部、村第一书记、村妇联主席及群众代表成立了专项评选小组,逐家挨户分类打分,综合汇总进行评选。召开表彰会议,由最美之星分享感人事迹,授予最美奖牌、给予最美奖励,同时选拔优秀妇女典型在全县"千家万场好家风好家教巡讲"活动中宣讲。"善行义举红黑榜"成了村民自治和乡风文明建设的有力抓手。

实施动态管理。以"红榜"激励"黑榜"进步,以"黑榜"警示"红榜"保持。在人口聚集的醒目位置统一制作公开栏予以公布,家里干不干净要上榜、孝不孝敬老人要上榜、文不文明要上榜、配不配合移风易俗工作要上榜,经评选凡被列入"红榜"的人员及时进行张榜公布，广泛宣传先进事迹。凡被列入"黑榜"的人员，建立道德"黑榜"档案，对列入"黑榜"的人员经教育劝说，立即整改的，及时撤销其"黑榜"档案。

二、成果成效

通过"善行义举红黑榜"评比活动，激发了村民积极向上、争当表率的热情，参与率、知晓率、幸福指数和荣誉感前所未有，已成为呼玛县道德建设的品牌活动之一。

案 例 点 评

自活动开展以来，呼玛县妇联在开展美丽家园创建过程中，坚持问题导向，把改善整治人居环境这项涉及广大人民群众切身利益的民生工程做细、做实，认真排查梳理存在的环境问题，落实责任、明确任务，"善行义举红黑榜"增进了妇女的参与热情，使得最美庭院建设活动变为常态化，改变了乡村面貌。

以"农酵坊"项目引领农村新风尚

松江区妇联

为深入贯彻落实习近平总书记"垃圾分类就是新时尚"的重要指示精神，结合松江区泖港镇绿色农业发展的特点，松江区泖港镇妇联以开展"点绿行动、变废为宝——农酵坊"项目为切入点，通过培训、指导、试点、示范引导农村妇女学习酵素制作工艺，带动全镇妇女学习土壤修复技术，推动优化农村生态环境。

一、具体举措

坚持试点先行。在区、镇两级妇联的重视牵头下，妇女干部、志愿者到19个村居进行走访调查摸排，最终决定以焦家村为重点试点村实施"农酵坊"项目，并设计宣传手册，营造宣传氛围，向村民、农户广泛宣传垃圾分类、变废为宝的绿色理念。

注重培训，提升技能。在村委会的支持下，泖港镇妇联专门开辟了手工农酵坊的培训教室、制作教室，邀请专业老师为村民、志愿者们手把手讲解酵素的制作过程和意义，并上门指导农户如何利用家中的果蔬来制作酵素。在专业老师的耐心讲解和示范下，农户们不仅学习了垃圾分类、酵素制作、土壤修复等重要知识和实践能力，而且学习态度也大有转变。

修复土壤，变废为宝。在专业老师的指导下，农户们从泥土翻垦开始，从实验田中间插入蚯蚓塔，周边铺上木质或纸板箱，再铺上烂草、酵素糟或厨余，铺上泥土和青草，最后用反复调制匹配好的水和酵素融合在药水桶里进行喷雾。经过一个多月的日晒和劳作，杂草丛生的荒地摇身变成了酵素试验田，大家收获了点绿行动、变废为宝的幸福感。试验田成功修复的消息一传开，其他村的农户们纷纷前来观摩学习。镇妇联及时组织全镇的农村妇女代表进行集中培训和实地参观，带动更多的妇女群众学习如何进行垃圾分类，如何利用酵素进行土壤修复，如何在修复后的土壤中种植蔬菜。

二、成果成效

环保酵素应用到农业种植，一方面是让湿垃圾减量资源化利用，另一方面应用到农业上，不仅能替代农药化肥的使用，还可以改善板结土质，分解农药、重金属等有害物质。经过酵素修复过的土壤种植蔬菜、花草都更环保、更可靠。在泖港镇，除了乡村田地的土壤改良修复，还有示范户在家中小院里尝试用酵素修复土壤。项目的实施调动了当地更多家庭美化家园的积极性，为进一步推进"美丽家园"建设奠定了良好的基础。

松江区泖港镇妇联创新实施的"点绿行动、变废为宝——农酵坊"项目，积极践行垃圾分类就是新时尚的理念，大力倡导绿色文明生产生活方式，为"美丽家园"建设作出了良好的示范，更为美丽乡村建设注入了新活力。

争建"最美庭院" 共建生态崇明

崇明区妇联

为深入贯彻落实习近平总书记"开展农村人居环境整治行动，打造美丽乡村，为老百姓留住鸟语花香田园风光"精神，崇明区妇联以2021年第十届中国花博会召开为契机，发动全区农村妇女及家庭参与"最美庭院"评选活动，引导姐妹们"人人动手、家家参与"，打造环境优美、文明和谐的新农村风貌，共建宜居宜业、和谐幸福的生态崇明。

一、具体举措

制订可行方案，全覆盖宣传，广泛培训。崇明区妇联成立专项工作组，制订涵盖"生态美、人文美、乡风美、家庭美、巾帼美"的"五美"创建方案，确立"点线面"结合的"作战地图"，通过"点"上示范户、"线"上示范区、"面"上环境整治全覆盖的立体式全方位打造，实现一宅一风景、一镇一片区和一月一整治。推出"聪聪、明明"卡通形象代言，举办启动仪式，下发倡议书、宣传品，创作文艺小戏，组织入户宣传，开设线上宣传，全媒体上下联动、全城互动。成立"玫瑰传旗"巾帼宣讲团，设计49堂课程下基层宣讲250场次，1.5万人次参与。组织开展学习会、现场会、推进会、观摩会、总结会等区级活动7

场，参加人员1500余人次。各基层妇联自行开展学习培训活动350余场，覆盖人员4万多人次。

打造有颜值、有内涵、有梦想的庭院。妇联组织一月一次环境集中整治，引导农户养成良好的生活习惯，指导农村妇女精心布局和经营小菜园、小果园、小花园，鼓励采用竹篱、旧木料、旧砖瓦分割打造围栏；组织广大妇女和家庭带头正确分类和投放垃圾，实施旧物改造再利用，扮靓各自家园。妇联深化社区"助福行、助老行、助美行、助幼行、助暖行"活动，鼓励片区通过设置姐妹微家点、文化广场等，以提升乡村气质和品质。妇联贯彻产业融合发展理念，鼓励有条件家庭利用闲置房屋打造民宿、农家乐、花博人家。

"最美庭院"评选与展示。妇联实施干部分片包干责任制、党员骨干结对制、机关干部带头制、困难对象帮扶制和线上晒评监督制等。建立一月一报告、一月一集中整治、一季度一督查和科学的评选考核机制，通过申报、审核、督查、讨论、公示等程序评选出区级"百户最美庭院、百名最佳宣传使者、十佳'美丽庭院'示范区、十佳最美微家"等，让工作成果看得见、摸得着。整合妇联内部工作、协调争取外部资源，在区委的领导下，积极争取乡镇党委政府、区农业农村委、区财政局等支持，联合区旅投公司，举办为期两个多月的"生态花园家·最美庭院"实景作品展示。

二、成果成效

自"最美庭院"评比活动开展以来，共创建评选最美庭院示范户101户，最佳宣传使者106名，"美丽庭院"示范区25个。在区妇联的积极布局、引导下，与各部门联动，全区妇女响应"人人动手、家家参与"的号召，用勤劳的双手与新知识共建美丽乡村，为实现生态崇明的愿景扎实奋斗。

案 例 点 评

崇明区妇联能够着眼于"美丽家园"，在细微之处、细节之中贡献妇女智慧，身体力行发挥妇女的主观能动性，并以点、线、面的形式全域推进"最美庭院"建设，成效明显，值得推广。

以"星级户创评"深化"美丽庭院"建设

浦东新区妇联

为了深入贯彻习近平总书记提出的"中国要美，农村必须美"的重要指示精神，浦东新区妇联开展和推动"星级户创评"工作，助力浦东新区自2018年起开展的"美丽庭院"建设工作。

一、具体举措

动员、服务、验收。区、镇、村三级妇联近2万名妇女工作者走村入户，做到覆盖全区家庭，组织宣传不漏户、庭院创建不漏户、星级评定不漏户。浦东新区妇联制定了严格的"星级户"选评标准，其中一星户10条、三星户15条、五星户18条。对照标准，区妇联手把手指导各村开展创评工作，尤其注重发挥家庭中女主人的作用，与浦东新区"美丽庭院"建设推进办公室走村入户，严格按照选评标准验收工作。

动员社会化力量，服务基层。在自然村建立"妇女微家"，共建设"妇女微家"1029个。以项目化、社会化方式开展三级妇女儿童家庭配送服务项目。2019年，仅"妇女之家"配送服务项目就覆盖了所有参与"美丽庭院"建设的镇，辐射近700个妇女之家，受益人群近10万。

以创促建积极参与社会治理。浦东新区妇联联合各镇举办"院·生活"系列文化专场活动，在区妇联微信公众号开设"一个院子"专栏，不断提升农村家庭对美的感知。鼓励和倡导基层在"美丽庭院"星级户创评过程中，深化家风建设、培育自治力量，参与村庄治理。如，祝桥镇妇联建立起一支"花样阿姐"的志愿者队伍；康桥镇妇联在"美丽庭院"建设和星级户创评工作中开展寻找"最美家书"活动。广大农村家庭在参与中受到教育和引导，点燃了主动创建的内生动力。

二、成果成效

浦东新区21个镇的341个行政村、3735个队组、约20万户家庭、18.32万个庭院参与"美丽庭院"建设,全区共评选星级户(包含一星、三星和五星)家庭13.51万户。2018年评选产生首批37户"五星户";2019年,有1700户家庭争创"五星户"。通过"美丽庭院"建设,村庄环境得到极大改善,浦东农村重现"江南水乡、田园风光"风貌;形成村规民约,"家风文明、家庭和谐、邻里和睦"的文明乡风正成为浦东农村精神文明建设的主旋律。"美丽庭院"建设和星级户创建也有力地促进了乡村产业的发展。通过"美丽庭院"建设,妇联组织不断转作风强基层,妇联干部得到了切切实实的锻炼,妇联组织的凝聚力、战斗力得到明显提升。

案 例 点 评

通过"星级户"评选,浦东新区妇联团结带领区、镇、村三级妇联组织,以妇女带动家庭,家庭带动队组,队组带动村庄,以点带面,形成辐射,唤醒和激发了群众和家庭对更美好生活的向往,并在"美丽家园"建设工作中彰显了巾帼力量。

美丽埭建设助力乡村振兴

金山区妇联

习近平总书记曾对金山区提出指导意见：建设百里花园、百里果园、百里菜园，成为上海的"后花园"。为配合金山区实施乡村振兴战略的目标任务，自2017年起，金山区妇联围绕"两区一堡"发展定位，积极探索美丽埭建设，以"环境美、人文美、家风美"为建设标准，打造"埭美人和、埭风文明、埭头整洁"的社会主义新农村和安居乐业的美丽家园。

一、具体举措

"立当前"和"谋长远"并重。认真做好顶层设计。金山区妇联制定了《关于实施"乡村振兴巾帼行动"三年计划（2018—2020年）的工作意见》《金山区妇联关于开展"美丽一条埭"创评活动的通知》《关于下发〈"美丽一条埭"创建评选标准〉的通知》等文件，围绕"产业兴旺、生态宜居、乡风文明、治理有效、生活富裕"的总要求，结合金山区发展实际，着力于农村产业发展、生态环境保护、乡风文明建设和农村妇女关爱等工作。

有序推进创建工作。以每年度召开金山区"双学双比巾帼建功"工作会议及美丽埭建设推进会、举办"村美户美她更美"寻访美丽乡村活动为载体，通过部署工作任务、座谈交流情况、提炼工作经验、现场观摩学习等活动，提高各级妇联干部的创建意识，加快美丽埭建设步伐，以点带面，形成辐射，掀起全区美丽埭建设的高潮。

深入基层调研，利用新媒体扩大宣传。美丽埭建设推进过程中，上海市妇联多次来金调研指导工作。区、镇、村三级妇联走村入户，对创建埭逐一走访，听取妇女干部、志愿者和群众的想法和建议，对埭上宅前屋后的环境、家风家训的宣传氛围、妇女议事堂和妇女微家的作用发挥等进行悉心指导。发挥妇联区、镇、村、埭四级阵地作用，以妇女之家、妇女微家、妇女议事堂、38°女子学堂等组织为阵地，向广大妇女传播知识、传递信息。

开展"拥抱鑫家园""最美家庭"等活动。区妇联以助力环境综合整治行动为抓手，动员农村妇女从自身做起、从家庭做起，建立简约适度、绿色低碳、科学文明的生产生活方式，踊跃参与无违居村、无违街镇的创建，持续改善农村生活环境，带头做好农村污水处理和生活垃圾分类等工作，以"小家美"促"乡村美"。带动家庭示范，宣扬埭头家风美。区妇联开展寻找"最美家庭"活动，激励妇女带动家庭成员，建设好家庭、涵养好家教、培育好家风，促进文明乡风、淳朴民风，推动社会主义核心价值观在家庭落地生根、开花结果。

二、成果成效

2017年以来，全区共有42个村的51条埭参与创建，覆盖家庭1093户（其中获镇级及以上各类先进家庭荣誉的有60户）、覆盖党员223人；51条埭中分别设立有"妇女微家"和"妇女议事堂"的30条，有埭规民约的35条。经过三年的推进，已有32条成功创建为"金山区美丽埭示范埭"。

案 例 点 评

金山区妇联以美丽埭建设为抓手，最广泛地将农村妇女动员起来、组织起来，经过三年多艰苦奋斗，家风更好，农村更美，农民更富，谱写了新时代金山农村女性和家庭参与乡村振兴的新篇章。

"美丽庭院"景如画 六合家事传万家

南京市六合区妇联

改善农村人居环境，打造"美丽庭院"是推动乡村振兴的重要举措。南京市六合区妇联以"六美"庭院创建为抓手，动员广大妇女和家庭从自身做起、从庭前院后做起，"让户户家和庭美，家家幸福安康"。

一、具体举措

广泛开展宣传动员。一是"编"。着眼农村人居环境整治和提升工作，六合区妇联开展标语编写行动，并从中筛选了30余条朗朗上口的宣传标语，如"从庄头比到庄尾，就数我家庭院最美""我的菜地我做主，我的庭院我部署""美丽乡村要珍惜，怎能舍得倒垃圾"等。随同"美丽庭院"实施方案下发到各街镇、村（社区）和寻常百姓家。二是"宣"。全区开展广场演出35场；发放"美丽庭院"倡议书101100份，制作墙绘、海报、横幅等3552条；房前屋后插上各具特色的宣传牌10360块，9个街镇的应急广播、流动播放车定时播放，做到了出门可遇、抬头可见、伸手可及、立耳可闻。三是"人"。开展巾帼志愿行动，全区1709名巾帼志愿者走村入户对合理设计布局美、垃圾分类清洁美、摆放有序整齐美、庭院环境协调美、栽花种树绿化美、最美家庭家和美的"六美"庭院内容入户逐项对照检查。

充分激发妇女参与热情。一是"清"。开展清理卫生死角行动，拉开乡村庭院清理的大幕，全区清理家前屋后卫生死角60362处。二是"用"。开展废物利用行动，提倡变废为宝。奶粉罐、油壶、旧塑料盆桶、废弃的坛坛罐罐，在妇女姐妹手里摇身一变都成为栽花植绿的花盆，将小小的庭院装点得温馨又创意十足。三是"晒"。开展"擂台晒"行动，各村（社区）晒宣传发动、晒庭院对比、晒精准服务，党员、乡贤示范引领，女网格员、女社工、妇联执委等轮番打擂。四是"比"。开展庭院评比行动，由妇联牵头组成评分小组，对照"六美"标准，从庄头比到庄尾，比一比、看

一看哪家的庭院最美。五是"挂"。开展庭院挂牌行动；遴选出全区100户三星级以上的示范"美丽庭院"集中授牌挂牌，提高了挂牌户的仪式感、荣誉感和自豪感。全区12.8万农户中挂牌参与"六美"庭院创建1.19万户。对创建户中达到区三星级以上的"美丽庭院"分类拍摄成《让美丽由内而外——六合女性以小小庭院编织乡村振兴梦》视频进村入户进行展示，并登上了"学习强国"。

二、成果成效

"美丽庭院"创建工作在六合区9个街镇全面推开，目前已评选"美丽庭院"3181户，带动广大农村妇女和家庭以勤劳和质朴"美化小院子，富裕钱袋子，幸福一家子"。

案 例 点 评

六合区妇联以小小庭院为切入点，着眼于改变散漫的生活习惯和守旧的观念，扎实推进农村人居环境整治，一个个村庄在家家户户的努力下发生了华丽蜕变。"绿水青山就是金山银山"的理念更加深入人心，赏心悦目的村庄环境，美丽的自家庭院成为增收致富的新源泉。

千村妇女争创绿色庭院

盐城市妇联

围绕贯彻落实盐城市委提出的坚定不移走好"绿色转型、绿色跨越"路子的工作要求，盐城市妇联持续推进"千村妇女争创绿色庭院"，推动广大妇女参与植绿护绿、发展绿色经济、建设美丽乡村，成为美丽中国行动者。

一、具体举措

植绿"一座院"。盐城市妇联以"创绿色家园 建美丽盐城"为主题，发放宣传资料、开展现场咨询和"最美庭院""最美农家"随手拍活动，宣传创建标准、推介庭院经济项目。协同规划林业部门，组织农技小分队，深入村组、田间小院，实地培训、现场指导、跟踪回访，培育植绿养树妇女"专家"。推介林果树种、组织集中栽种，发展家庭果园、家庭苗圃。引导林果苗木产销大户与低收入妇女签订包培训、包供苗、包成活、包销售，农户保证管护到位的"四包一保"协议。组织巾帼志愿者、女农技人员、女能人大户与低收入农户妇女结对，开展送果树苗、送劳力、送技术、送岗位和帮销售的"四送一帮"活动，解决贫困妇女实际困难。定制信贷产品。联合邮储银行盐城市分行开展"邮储绿色'贷'动未来"活动，定制"绿色庭院贷"专项信贷产品，为低收入妇女发展"庭院经济"提供资金支持。

建成"一片林"。依托妇女儿童之家阵地以及农村墙体、宣传栏，悬挂张贴宣传标语，营造人人参与植树造林、户户进行庭院绿化的氛围。发动妇女参与大规模绿化行动，栽植"巾帼林"。按县级不少于200亩、镇级不少于50亩的规模标准，连片栽植，设计统一标识，悬挂统一标牌，提高辨识度。结对共植"扶贫林"。为妇女算好生态、经济两笔账：绿化可以改善居住环境，提升生活质量；普通家庭如果栽植20株枇杷、核桃、油桃、黄金梨等，可实现持续20年以上、年2700元以上经济收益。低收入妇女以土地、劳动力或扶贫项目入股，联合苗木大户、林业合作社免费送树、集中栽种，提高贫困户收入。联手国有林场、家庭农场、旅游景区，设置"爱情林、成长林、家庭林"基地，切块种植，分包管护，提高参与度。

创美"一个家"。市妇联争取每年安排100万元资金用于"美丽庭院"创建工作奖。全市评选命名20个"庭院绿化巾帼示范村"、200户"绿色庭院巾帼示范户"，积极创建"美院""美妇""美家"成为盐阜乡村新风尚。

二、成果成效

如今，"绿水青山就是金山银山"的理念在盐城农家小院落地生根。全市新增巾帼绿色基地近万亩，新建的197个新型农村社区入住户全部建成三星级以上"美丽庭院"。联手苗木大户、林业合作社举办专项培训200多场次，为建档立卡低收入妇女提供技术指导40多万人次，15.34万户获赠苗木221.5万株。联合邮储银行发放"绿色庭院贷"3256万元。

案 例 点 评

盐城市妇联自觉将"绿色庭院"创建融入全市生态城市建设、精准扶贫、农村人居环境整治工作，坚持党建引领、部门联动、社会参与、妇女主力，高位谋划、高标推进、高质完成，绿色庭院已经成为"美丽乡村"的亮丽风景、妇女增收的"绿色银行"。

以推进垃圾分类助力美丽六保

江阴市新桥镇妇联

2016年以来，江阴市新桥镇妇联从家庭垃圾分类落实推广着眼，从加强居民绿色环保意识入手，发动广大妇女积极行动，通过执委项目行动、微家示范带动、村社结对联动，让一名主妇带动一个家庭，促动一片区域，当好垃圾分类的宣传员、先行员、指导员和监督员。

一、具体举措

抓队伍，全民动员聚合力。新桥镇妇联从全镇10个村、4个社区精选巾帼志愿者共100人，组建成立"巾帼号"垃圾分类志愿者宣传队，与"青年号""先锋号""初心号"志愿者一起，每周六入户进行垃圾分类宣传、演示。全镇各村（社区）妇联也纷纷发动辖区妇女代表、女党员、女性教师义工，各自组建起10～20人的巾帼志愿服务队，走村入户，发放宣传折页，讲清垃圾分类好处、演示垃圾分类方法，让广大居民的思想意识转变到"家园卫生环境，大家共同努力""家园卫生人人有责""改善卫生环境从我做起"上来。

抓宣传，全媒体宣传垃圾分类。2019年3月，镇妇联依托集成改革现有网格员和党员中心户网络，将女性党员、妇联执委、巾帼志愿者等妇女骨干，充实到网格中，在全镇组建25个"新女声"妇女微家，在传递党的声音、倾听妇女心声的同时，作为垃圾分类的流动宣传点和示范点，开展工作宣传。为强化垃圾分类的宣传效果，镇妇联将网上有关垃圾分类的视频、节目进行直接播放或创造性模仿，通过说快板、学说唱、演小品等形式，在重大活动、重要节点进行植入式宣传，让大家在会心一笑中了解垃圾分类。

抓长效，引入专业力量强管理。引进环保公司建设专业垃圾分类宣教员队伍，策划开展"垃圾分类'棋'步走""帮鱼儿回家""垃圾分一分，环境美十分"等适合家庭参与的亲子趣味游戏，在潜移默化的传帮带中，吸引了更多人参与。对志愿者通过服务时长兑换奖品，落实积分奖励，鼓励更多人参与。

评典型，聚难点，抓深化。积极开展"绿色家庭""美丽阳台""美丽庭院""绿色环保之家"等先进家庭评比活动，通过"学身边典型"活动，大力推行垃圾分类。垃圾分类是手段，垃圾减量是目的。新桥镇妇联通过执委项目落实推动循环发展理念。镇妇联执委叶永毅以东方花苑小区作为试点，推进"一米田园"公益微项目，有效提升垃圾循环利用、扼制毁绿种菜现象。镇妇联执委石烨在黄河社区推进"巧手扮家"项目，推进家庭绿色美化。

二、成果成效

在镇妇联的宣传与实践中，新桥镇实现由"要我分类"向"我要分类"的转变，有效改善了小区绿化错乱、菜地乱种、绿植退化状况。新桥镇妇联组织绿色课堂常态化开展宣教活动。绿色驿站定期开展"废物换绿植"活动，已成为垃圾分类、环保创意、文明素养宣传点。绿园社区文化睦邻节已连续开办11年，家庭星典型评比、亲子运动会等活动如火如荼，社区家园文化氛围浓郁。

案 例 点 评

新桥镇妇联发挥妇联组织联系妇女群众紧密、联结家庭广泛的优势，以家庭为切入点，深入推进垃圾分类工作，打造"家园文化"品牌亮点，让垃圾分类成为新桥文明新风尚，促进家庭文明落地生根、开花。

建设美丽家园　振兴绿色乡村

金华市金东区妇联

2014年始，金华市金东区妇联在全区开展"建美丽庭院、创美丽家庭"创建活动，助力"和美金东、希望新城"建设。

一、具体举措

强化创建指导，制定创建"五美四化"标准。金东区妇联联合质检部门，制定了评选标准。"美丽家庭"创建要求达到庭院环境美、家居人文美、勤劳致富美、邻里和睦美、爱心奉献美"五美"要求；"美丽庭院"建设要达到庭院环境清洁化、物品摆放有序化、院落栽种香彩化、整体格局协调化"四化"标准。每个村社妇联通过召开女户主会议，由自主申报和民主推荐，在村"两委"的支持下采用百分制进行上门严格打分，得分在80～89分，为"美丽家庭"达标户；得分在90分以上，为"美丽家庭"示范户。一年一评选，新增上牌和复评摘牌相结合。

推行垃圾分类。2014年4月，金东区开展农村垃圾分类工作。金东区妇联主动介入，把垃圾分类作为美丽家庭评比一票否决条件，采用妇联干部联系户制度，以一联十、十联百的方式建立微网格，每户家庭都由一名妇联干部负责检查指导垃圾分类工作，确保一户不漏。全区组建美丽大姐宣讲团26个，举办专题培训会800余次；开展"携手垃圾分类　共创美丽家庭"文艺巡演、有奖问答、乡音土话三句半、表演唱、情景剧等500余次，《分类吧！垃圾》广场舞培训全覆盖，成为金东大妈们的新时尚。妇联现累计发放倡议书、宣传手册10万余份，宣传围裙90000余条，切实做到每个妇联组织都有声音、有举措、有行动。通过村妇联干部月度工作例会和红黄榜制度，对垃圾分类不配合的农户进行再分工、再攻坚，对先进户和促进户在公开栏进行红黄榜公示。主动对接"云服务"，建立智能化垃圾分类考核管理系统，通过村妇联主席扫码检查、短信自动提醒、后台限时督办等手段，实现区、镇、村三级对农户源头分类的实时监管。

突出庭院美化，变"小家"美为"大家"美。开展"千名执委'美丽庭院'晒拼创"活动，聘请乡土专家、组建"美家美院"巾帼指导联盟为"美丽庭院"

建设提供技术支撑，常态化开展最美庭院、星级庭院和最美庭院女主人评比，引领更多家庭投入一院一品、一户一景美丽家园打造。

营造"我创建我光荣"氛围。全区获评的美丽家庭户统一由区委、区政府命名上牌，并在各村庄最显眼和人员聚集处制作美丽家庭笑脸墙给予先进户荣誉感；在全国率先开展"好家风信用贷"，全区已有6000余户享受，发放信贷累计6.8亿元，并在水电费等方面给予奖补，真正让有德者有得，相关做法得到全国妇联领导人批示肯定。

二、成果成效

在金东区妇联积极推动下，全区已打造"美丽庭院"24988户，占全区家庭的18.6%，打造"美丽庭院"示范村34个、"美丽庭院"达标村36个。在全国率先实现农村生活垃圾分类县域全覆盖。

金东区妇联主动融入区委中心大局，以"垃圾分类"和"美丽庭院"建设为重点开展"建美丽庭院、创美丽家庭"工作，通过设计一面笑脸墙、一项信用贷等创新载体有效激发群众参与热情，充分发挥了妇联组织在家庭建设和引领中的独特优势，展现了美丽家园建设中的巾帼作为。

城乡牵手　庭院添彩

海宁市妇联

围绕"美丽家园"建设，海宁市妇联紧扣"生态宜居"要求，通过"城乡牵手　庭院添彩"擂台赛，充分调动广大妇女的主动性，推动"优美庭院"创建工作实现品质新提升。

一、具体举措

三级联动广参与。以"城乡牵手　庭院添彩"为主题，组织开展市、镇、村三级擂台赛。通过擂台赛形式，实现村与村之间互比互学，各村因地制宜探索开展评选工作。两年来，市、镇、村三级共103个村9260户家庭参与庭院打擂。

明标准、促评创。比赛总分由精品组整体、示范户打造两部分组成。精品组评分注重对生态环境、基础设施、长效管理机制、农户积极性等方面的考核，强调创建家庭就地取材，废物利用，助力垃圾分类。示范户打造按照"五美"标准进行，创建标准根据每年情况逐步细化，以评促创。活动期间，各参赛村均配套开展开设一个微信群、开展一场培训会、组织一次外出学习、设计一条示范线路的"四个一"活动，确保擂台赛形式活泼，富有实效。

组团服务齐跟进。参与"庭院帮帮团"，解决打擂农户养护经验不足、庭院设计水平不高等问题。"帮帮团"成员由村妇联、巾帼文明岗、"花粉团"园艺爱好者三方组成，每团约5～10人，其中村妇联负责牵头协调，逐户上门宣传发动；巾帼文明岗负责活动策划、活动执行，捐物出力等；"花粉团"成员均为海宁本地园艺爱好者，负责庭院设计美化，讲解养护技能。活动中市级"庭院帮帮团"出动"花粉团"志愿者59人，巾帼文明岗成员336人，参与庭院打造254次。

线上线下多互动。活动期间，在"大潮网"上举办"优美庭院""最美阳台"评选大赛，248户候选家庭晒出"美丽庭院"和创意阳台，由全体网民参与投票，访问量达17.38万人次。举办《我的妈妈是女神——家庭园艺秀》短视频大赛，99户家庭通过短视频形式展现园艺生活。参与打擂的各村各组，组建庭院微信群，通过微信群晒进度、晒成果，营造良好的比学赶超氛围。市级媒体全程跟踪擂台赛进度，《海宁日报》共开设14个整版，先后报道了袁花镇红新村潘国民家庭、丁桥镇诸桥村许根良家庭、盐官镇祝会村张祥龙家庭等明星示范户。

姐妹学堂练实操。招募"姐妹学堂·优美庭院"讲师13名，进村入户讲解绿化基础知识，实操花草养护技巧。共开设优美庭院课程107堂，受益群众8660人次。同时，引导"优美庭院"示范户加入导师行列，带动周边农户主动参赛。其中，硖石街道南漾村杨和英家庭带动组内112户家庭报名参加打擂台。

二、成果成效

全市累计创建"优美庭院"示范户53897户，比例达41.4%。"优美庭院"海宁级示范村125个、嘉兴级示范村63个，示范村比例达69.4%。在打擂台过程中，以"庭院美"推动了"家风正"，以"庭院美"助力了"产业兴"，为广大妇女实现增收致富创造了良好环境。

案 例 点 评

海宁市妇联以"城乡牵手 庭院添彩"擂台赛为主抓手，百村打擂，万户比美，推动比学赶超，群众参与性高，社会资源跟进共建，有力拓宽了优美庭院创建参与面，实现了创建品质的新提升。

做美家庭小细胞　焕发乡村大活力

湖州市安吉县妇联

2005年8月15日，时任浙江省委书记习近平同志在安吉县考察时首次提出"绿水青山就是金山银山"的重要思想。作为"两山"理念诞生地，安吉在美丽乡村建设领域积极探索，安吉县妇联充分发挥妇女在家庭中的独特优势，从2009年起开创"美丽家庭"工作，积极探索县、乡镇（街道）、村（社区）、户四级联动创建模式，成功开辟"点带线面片村"工作路径，助力美丽乡村建设。

一、具体举措

健全组织，加强美丽家庭创建制度保障。安吉县妇联以《美丽家庭创建活动实施意见》为统领，积极履职，敢于担当，组织全县12万户家庭投入美丽创建中。自2009年创评开始，县妇联勇挑重担，多方整合资源，成为主要职责部门，担负起全县美丽家庭创建指导、服务、评比、审核、公示和表彰等工作。

精准布局，扎牢美丽家庭创建总链条。县妇联以"院有花香、室有书香、人有酿香、户有溢香"四香标准为统领，2011年发布县级标准《美丽家庭创建考核标准》，建立健全"五美庭院—美丽家庭星级户—美丽家庭示范带—美丽家庭示范村落—精品观光带美丽家庭示范村落"五级推进机制；2012年起创建美丽家庭示范

村落；2016年起布局"昌硕故里""中国大竹海""白茶飘香""黄浦江源"4条精品观光带美丽家庭示范村落建设。出台系列《美丽家庭示范村落创建管理办法》《专项奖补资金使用办法》，争取浙江省财政奖补资金和县财政专项资金610万元。

整合资源，放大美丽家庭创建效益效应。县妇联发挥主力军作用，联动开展"美丽家庭　巾帼先行"主题活动；联合县卫生部门推出"美丽家庭幸福"五项工程，深入农家开

展关心关爱活动；联合县文化宣传部门免费送书、送报、送书画、送戏曲；联合涉农部门送花卉苗木、送种养技术；联合县教育部门开展"美丽家庭我最爱"假期实践活动；联合广电、电信等部门优先优惠安装数字电视、网络宽带；扶贫帮困、卫生科普、社会治安等；联合县农商行、建设银行开通绿色通道，星级家庭优利率信用贷款授信。

丰富载体，推动美丽家庭创建常创常新。一年一主题开展美丽家庭"文化年、展示年、幸福年、欢乐年、活力年"等系列活动，树立了安吉独特的美丽家庭品牌。先后开展"善女人 美家园""和春天一起芬芳""家庭齐行动 家园更美丽""我为春天添片绿""在春天传播种子为安吉穿上绿衣""妇女当家 垃圾分家"等活动。围绕"五水共治"首创"主妇曝光台"，成立"河嫂护水队"，推行家庭护水公约，成立巾帼志愿者队伍207支，开展"剿灭劣Ⅴ类水"系列行动，为生态文明作出独特贡献。

二、成果成效

安吉县妇联坚持以创建为抓手，以普惠家庭为总目标，成功创建美丽家庭10.1万户，创建率达90%。年画村、书画村、龙舞村、花木村个个有特色，农家乐家家有书吧，村庄产业特色明显、文化底蕴深厚，呈现"一村一品""一村一韵"的独特魅力，全县175个巾帼民宿80%以上都坐落在美丽家庭示范村落中，真正达到"村美、景绿、人和"世外桃源般的幸福。《光明日报》《中国妇女报》《浙江日报》《浙江妇运》纷纷聚焦安吉妇联创建做法，安吉也成为浙江省妇女干部学校首批现场教学点，《安吉美丽家庭创建实务工作》列入浙江省妇干校指定课程，每年迎接全国乃至世界各地姐妹考察团50余批次。2019年，安吉县妇联获得中华环境奖。

案 例 点 评

安吉县妇联抓住家庭小细胞，做好美丽大文章。以家庭为基础，以创建为载体，将绿色环保、和美家风等理念植入农村百姓精神世界，生态环境得到显著提升，居民素养有了进一步提高，生动诠释了"绿水青山就是金山银山"。

"一米菜园"点亮大美乡村

衢州市妇联

2019年以来,衢州市妇联围绕市委"1433"战略体系重大部署,按照"3752"党建治理大花园工作体系,牵头会同农业农村、美丽村镇办、农科院等部门,在全市选择了一批重点乡村开展了"一米菜园"创建,推动了乡村大花园建设迈上新台阶。

一、具体举措

强化顶层设计,完善创建机制。全市召开深化"巾帼美庭院 共建大花园"工作暨"一米菜园"工作现场推进会,衢州妇联联合市农业农村局、市农科院和市镇治办编印发放《"一米菜园"创建工作手册》5000余册,明确创建工作目标和工作重点,分步骤、分类别指导创建工作;成立"振兴乡村美丽庭院联盟",在宣传发动、规划设计、蔬菜农技等方面精准指导,从选种、育苗、结果等方面给予种植技术帮扶,从洁化、美化、绿化等方面给予规划设计帮扶,进一步提升菜园颜值与产值。据统计,全市共开展实地专题指导培训86场次,3655人次参与。完善督查指导机制,建立完善市县乡村四级督导机制,结合垃圾分类、清洁家园、特色家庭创建等工作,健全菜园长效管护机制。

做好项目融合,激发创建活力。结合"衢州有礼"诗画风光带建设、小城镇环境综合整治提升等工程,通过试点示范先行、妇女群众带头,培育一批"美丽庭院"创建示范户、示范村,实现连点成线、由线及面,使"一米菜园"创建工作成为巾帼助力乡村振兴的响亮品牌。

实施分类推进,打造示范样板。坚持边创建、边探索、边总结、边推广的原则,对涉及菜园打造的拆后面积、农户意愿、村庄布局、产业特色等因素进行梳理,总结出"花坛式"私家菜园和"平地式"公用菜园两大类六小类的菜园类型,因地制宜打造了开化下溪村"梦想菜园"、江山达河村"党建菜园"、衢江岩头村"巾帼菜园"、柯城万田乡"亲子菜园"等各类主题园52个,探索出创建模式10余种，让"一米菜园"真正成为农房风貌提升的亮丽风景。

二、成果成效

全市共创建"一米菜园"14102个，参与农户20318户，覆盖6555个村，盘活拆后土地40多万平方米，形成了"点上出彩、面上开花"的良好开局，也为所覆盖乡村带来了可喜的"四新"转变，打开了美丽环境向美丽经济转化新通道，实现"风景+风貌+产业融合"的叠加效益。

案 例 点 评

衢州市妇联坚持党建带妇建，以"一米菜园"为抓手，围绕"十百千万"创建行动（十佳示范村、百户精品示范户、千户星级示范户、发动万户家庭共建）的总目标，以打造可复制、可推广的创建模式为重点，助力做好农房整治"后半篇文章"，积极推动"小美菜园"向"大美乡村"转变，取得了阶段性成效，成为美丽乡村建设的"衢州现象"、全省妇联系统的工作创新。

以"四色路径"打造"美丽家园"

台州市天台县妇联

围绕扎实推进农村人居环境整治工作，天台县妇联充分发挥"联"字效能，深入实施"乡村振兴和合姊妹行动"，通过开展"四色路径"工作法，为新时代"美丽家园"建设和乡村振兴汇聚蓬勃力量。

一、具体举措

走好"红"色基因传承路。组织动员各级妇联干部、妇女代表等开展各种形式的讲课、学习、女性素质提升等课程学习，宣传红文化、弘扬主旋律、传播正能量，夯实齐心共建"美丽家园"的决心、信心。强化"美丽家园"巾帼担当。为加强村级妇联执委的中坚力量，将每月25日定为"妇女议事日"，建立"五规六制"工作机制，规范执委建设，提升执委履职水平。2019年，全县各级妇联组织累计开展议事活动1000余场，万余名执委妇女群众参与到村级的垃圾分类、"美丽庭院"、平安治理等活动中。拓展"执委（'三八'红旗手）工作室""和合姊妹之家（微家）"等妇女组织工作网格，建立"执委+""和合姊妹+"等微网格，不断壮大"和合姊妹"志愿者队伍，弘扬奉献精神，强化人人参与共建的主人翁意识。

走好"绿"水青山守护路。整合美术培训机构、社团、园艺公司、部门等力量，组成18个"美丽庭院"指导团，联村包户"私人定制"，全县共创建"美丽

庭院"示范村30个，示范户84户。"评比+督导"造氛围。开展"和合姊妹"垃圾分类三化PK赛、"百村万院"环境革命擂台赛、"美丽庭院"两两PK赛等活动，乡村级每月评比星级村户。招聘"和合姊妹督导员"1063人，宣教督同频共振，言传身教影响和激发广大家庭的责任感和荣誉感。"执委+N户家庭"抓落实。建立"执委结亲联万户"制度，执委与家庭同

亮身份、同上红黑榜，执委联户情况列入换届后备人选评价体系中。

走好"金"色发展引领路。多部门合作孵化创业项目。对接天台大农场、华顶国旅等平台，入驻巾帼创业产品，通过直播、微信等新媒体，让巾帼制造进万家、巾帼农创销万家。发展"基地+创业"模式，多彩田园研学、天台山茶婆等"妇"字号基地，辐射带动周边1000多名妇女就业，将地方特色产品效益最大化。开发乡村振兴文创产品、创意美食等产业链，形成"美丽家园"美丽经济产业。

走好"粉"色和谐共享路。以"机制+平台"方式打造农村"三留"人员关爱体系，主动关爱"三留"人员，创办公益性留守乐园50所，3000多名留守儿童免费入园，连续三年开展留守乐园以奖代补工作机制，累计补助经费95万元，营造共享格局。培育挖掘各行各业的优秀女性，组成"巾帼头雁"联盟，发挥各自优势特长，结对联建，城乡互联，用好用活妇联组织阵地，真正使妇女感受美好生活，提升幸福感和满意度。

二、成果成效

"美丽家园"产业逐步催生共创共赢。家美、村兴，推动了乡村旅游产业和民宿、农家乐的发展，带动农村经济的提升。据统计，吸引回乡创业女性1500名，带动发展民宿21家、农家乐55家，年接待游客量27万余人次，旅游服务、文创产品、农业等相关产业创年产值5000余万元。

案 例 点 评

天台县妇联的"四色路径"工作法，广泛凝聚妇联干部和妇女参与"美丽家园"建设的力量，实现了"美丽家园"共建共创、共赢共享。

以"绿"促文明

铜陵市郊区安铜办妇联

为深入贯彻习近平总书记关于改善农村人居环境的重要指示精神,铜陵市郊区安铜办妇联以"乡村振兴巾帼行动"为统领,以"美丽庭院"建设为抓手,以美化农村生产生活环境为目标,凝聚巾帼力量,找差距,补短板,落实"三个注重",以家带社会,以"绿"促文明,在广大家庭中开展"美丽庭院"创建活动。

一、具体举措

注重党建引领,建立保障机制。铜陵市妇联坚持党建带妇建,以"家家做、家家美、家家评"为内容,深入居民户中开展"百家女走百家门"活动。制订《安庆矿区办事处"美丽庭院"创建评比工作实施方案》,成立专项工作领导小组,加强组织领导,在全办开展"美丽庭院"创建工作,并安排一定的预算作为奖励资金,结合实际,常态化建立评选表彰机制。

注重宣传发动,激发巾帼有为。充分利用标语、黑板报、会议和健全的妇联基层组织阵地优势,深入宣传"美丽庭院"创建的意义。一是开展专题动员培训。召开办事处、村、村民组三级妇联组织及妇女代表动员培训会议,学习传达市区妇联的决策部署,不断增强妇联组织和妇女在开展农村人居环境整治工作中的示范性、自觉性和紧迫感。二是坚持多渠道宣传发动。通过在每个自然村庄设置固定宣传栏、开动流动宣传车、进村入户发放致妇女群众一封信等多渠道开展宣传。三是组织外出观摩学习。组织女党员、妇女组长、妇女代表、妇联执委等到外市县区美丽乡村示范点观摩学习,以观摩找差距,以交流促提升。

注重特色活动,强化典型示范。在全办开展了"美丽庭院"创建评比活动,活动根据安铜办妇联"美丽庭院"创建评分标准,采取走村串户、现场提议的方式,在结合"百家女走百家门""九比"竞赛标准的基础上,对每户创建情况列出问题清单和整改清单,对环境脏、乱、差的庭院开展有针对性的庭院环境整治行动，积极鼓励和引导居民户开展"庭院设计布局美（院美）、杂物摆放整齐美（物美）、卫生清洁环境美（洁美）、花木茂盛绿化美（绿美）、户户创建和谐美（和美）"的"五美"创建活动。活动中做到以下几点：一是突出"人居环境整治"这个中心。二是落实"两个引领"。以妇女工作者、女党员、巾帼志愿者、妇女组长户为重点，抓好引领带头；注重示范片引领，每村、社区创建2个示范片，每个示范片以1~2个村民组为创建单元，在全村、社区做好引领示范。三是确保"三个到位"。做到宣传到位，做到建档和评选到位，做到常态长效到位。

二、成果成效

安铜办通过推荐涌现出了省级最美家庭1户，市区级最美家庭、传育立行家庭、"美丽庭院"等32户；通过挖掘好人文化内涵，在"美丽庭院"中推荐好人，涌现出了孝老爱亲类中国好人2名，安徽好人1名，铜陵好人和郊区好人6名；通过开展系列传家训、育家风、立家教、践行社会主义核心价值观各项活动，搜集挖掘本地好家风家训、乡贤名人等，编写出《安铜家风家训》读本，以文明乡风促进"美丽庭院"创建。

案 例 点 评

铜陵市郊区安铜办妇联在该办党工委的领导下，找准了基层妇联组织的独特优势和作用，在深入推进实施乡村振兴战略中，找准人居环境整治突破口，以"美丽庭院"为载体，以"小家"促"大家"，营造了全社会爱护环境、倡导文明的浓厚氛围。

以"美丽庭院"推动三美村庄建设

宣城市旌德县旌阳镇凫山村妇联

作为美丽乡村省级中心村，宣城市旌德县旌阳镇凫山村妇联以"美丽庭院"创建为切入点，围绕"生态宜居村庄美、兴业富民生活美、文明和谐乡风美"三美目标，紧扣"迈入高速时代，打造健康旌德"这条主线，结合全域旅游及慢城打造的机遇对全村进行了广泛的宣传发动，号召人人参与、人人奉献，为建设美丽家园贡献巾帼力量。

一、具体举措

成立组织，加强领导。凫山村成立了妇女议事会，并召开会议确定美丽乡村建设中"最美庭院"创建的建设方案。坚持统筹兼顾、整合资金、持之以恒、量力而行的原则，最大程度发挥妇女力量推动美丽乡村建设。

集思广益，科学规划。一是明确目标。明确了"最美庭院"的建设标准，确定了"突出重点、分类指导，以点带面，全面推进"的创建工作方针，围绕创建工作，先后多次组织村妇女议事会成员外出参观学习。二是突出规划，依托优美的自然生态资源和深厚的人文历史文化优势，完成了《凫山中心村美丽乡村建设规划》，其中着重规划了"最美庭院"建设情况。三是厘清思路，提出了新建"绿币基金服务站"，推行以绿币换积分、以积分换物品的"绿币基金服务站"做法，将群众全部纳入积分管理，充分调动了全体村民参与美丽乡村建设的积极性。

加大宣传，快速推进。一是围绕创建重点工作，利用广播、宣传栏，广泛进行宣传教育，学习《环境保护条例》《村规民约》《居民区卫生管理规定》《安徽省农业生态环境保护条例》，使广大村民不断增强环境保护意识，养成良好的生活习惯，不乱倒垃圾，自觉保护环境卫生。二是利用新媒体平台开展行动成果展，宣传美丽乡村、美丽庭院、美丽妇女，曝光后进，并组织先进典型进行事迹巡回宣讲，在组与组、户与户之间形成比、学、赶、超的氛围。

二、成果成效

凫山村自"最美庭院"创建活动开展以来，一直以妇女力量为主导开展各类评选、表彰活动，积极组织发动了全村448户村民，表彰了53户"最美庭院"，学习各类与环境保护相关的法律法规，增强村民农业生态建设的意识。

案 例 点 评

通过开展评比活动，采取民主评议、集中审议、张榜公布、动态管理的方式，有效地促进了评比活动的健康开展，并利用广播广泛宣传，使全村农户能学有目标、赶有方向，在全村形成了文明、健康、向上的良好风气。在实行绿币积分制中对于"最美庭院"家庭额外奖励一定的积分，从而激励了户与户之间的创建氛围，将创建工作不断推向新的台阶。

创建"美丽庭院" 助力农村人居环境整治

合肥市庐江县妇联

庐江县妇联充分发挥基层组织优势,以"美丽庭院"创建为工作载体,创新推进各项工作,取得积极成效。

一、具体举措

精心谋划,稳步推进。一是试点先行,明确创建目标。首先确定了白湖、罗河、柯坦等三镇为"美丽庭院"创建试点镇,在试点中积累经验,出台《庐江县创建"美丽庭院"活动实施方案》,成立"美丽庭院"创建工作领导组,确定"美丽庭院"创建标准。二是上下联动,广泛开展宣传。各镇通过开设大讲堂,吸纳家政培训师、园艺师、巾帼志愿者等组建宣讲团向广大农村妇女和家庭传授卫生清洁、绿色生态、科学文明的理念和知识;编写发放《"美丽庭院"创建指导画册》、入户发放"争做出彩农家女 共建美丽新家园"农村人居环境整治进家庭活动倡议书;通过与创建家庭签订创建"美丽庭院"承诺书、召开现场会、制作微信公众号推送"美丽庭院"创建评选活动专题等方式,加强宣传引导。2020年疫情防控期间,庐江县妇联又发放"改善人居环境 助力疫情防控"倡议书,号召广大家庭,加强乡村人居环境整治,彻底清洁家庭卫生,积极创建"美丽庭院"。三是因地制宜,分类指导创建。县妇联组织各镇(园区)赴浙江德清学习先进经验和做法。

挖掘典型,示范引领。星级户实行分类评级,严格按照动员部署、村(社区)按星级分类推荐、镇(园区)考评公示、县级审核表彰四个阶段组织开展。其中,三星级户、四星级户由镇评定,五星级户由县级评定。县妇联牵头成立复核评定小组,抽调了"两代表一委员"、部分镇妇联主席组成考核复评小组,对各镇(园区)上报的五星级"美丽庭院"户进行审核评定。评定做到户户到,现场评,并严格按照五星级"美丽庭院"评分标准逐项打分,同时需要镇纪委、公安、综治办等部门审查有无违法违纪行为。

入户授牌，表彰先进。由县委主要负责人和分管负责人亲自为部分五星级"美丽庭院"示范户授牌。各镇（园区）也采用形式多样、群众喜闻乐见的方式，将象征着荣誉和祝福的绶带和奖牌，送到五星级户家中。同时，通过庐江新女性、微聚庐江、魅力庐江网等微信公众号公布五星级示范户名单，并印发了表彰文件，让广大家庭以星级"美丽庭院"为榜样，积极投身"美丽庭院"创建工作。

动态管理，实现长效。各镇（园区）每年对已表彰的"美丽庭院"示范户复评一次，县妇联也将不定期对五星级户抽查复评。复评采取按一定比例抽查、征求有关部门意见等形式进行。对复评中发现的争创水平显著下降或出现严重问题的家庭，予以降低星级等级直至撤销荣誉称号。

二、成果成效

全县已有1500户农村家庭达到"院落净、居室美、厨厕清、家庭和、长效好"的标准，被评为"美丽庭院"星级户，其中五星级户达到300多户。广大群众户与户比、组与组赛，形成了家庭助力农村人居环境整治工作的良性互动。

庐江县妇联"美丽庭院"创建工作服务大局好、宣传发动好、典型示范好、活动成效好，充分激发和调动了广大农村家庭参与创建活动的积极性、主动性和创造性，切实为农村人居环境整治、推动乡村振兴工作贡献出"她"力量。

让"姐妹乡伴"之花开遍美丽家园

福州市妇联

为积极推进"美丽家园"创建工作，2018年起，福州市妇联在全市农村基层妇女组织中发起"姐妹乡伴"公益项目，充分发挥了基层妇女组织在建设美丽乡村、推进乡村振兴战略中的独特作用。

一、具体举措

创新机制增强聚合力。一是项目化运作。"姐妹乡伴"项目由福州市妇联牵头，恒申慈善基金会提供资金支持，形成"妇联＋项目＋公益团队"基本框架。二是最大化聚合。该项目充分发挥各方优势资源，聚合政府、群团、社会组织、金融、企业、农村专业技术人才以及各村乡贤等社会力量，努力使资源聚合最大化，有效解决了组织、资金、技术等方面的难题。三是精准化扶持。从全市范围内选定项目示范村，并采取实地考察、个案分析等方法，制定"一村一策"支持方案，精准施策。

持续培植激发内动力。一是精心培育队伍。"姐妹乡伴"共开展25场能力建设活动，累计参加2880人次，激发了农村妇女参与乡村建设的动力，开阔了视野、提升了组织能力和综合素质。二是精心持续帮扶。市妇联联系恒申慈善基金会，先后数十次深入乡镇、村妇联组织及"姐妹乡伴"项目团队开展调研指导。三是精心搭建平台。一方面，邀请专家为农村妇女群众讲授花卉种植、庭院整治等相关技能；另一方面，"姐妹乡伴"各团队经常在平台上晒创建成果，晒美丽家园建设金点子，发布庭院美化随手拍、巾帼志愿行动短视频等，大家互学互比，带动形成了比学赶超的创建氛围。

示范引领提升号召力。一是家庭庭院助美丽项目榜样。"姐妹乡伴"项目村晋安区寿山乡前洋村妇联积极助力"全国农村人居环境整治试点村"建设，组成巾帼志愿队开展"最美庭院"改造工作。前洋村被评为福建省农村人居环境整治试点示范村。二是绿色生活助环保领头羊。小箬乡政府为志愿者配发230个干湿分类垃圾桶，村民们低偿出让土地让她们建堆肥池，"卓玛志愿队"成为农村垃圾分类新风尚的引领者。三是文化传承先进代表。永泰县赤锡乡赤锡村回乡创业女大学生杨璞牵头成立了"赤玉学堂",并加入了"姐妹乡伴"项目,她利用课余时间组织乡村儿童开展"学国学、读经典"活动,目前为止已有万余人次儿童和家长参加"赤玉学堂"的读书活动。四是生态微农助小康典型。连江县江南乡梅洋村组建了"梅研巾帼服务队",围绕梅花资源开发文创和旅游产业,相继成功推出梅花酥、梅花酿、梅花蜜等当地特色产品。如今,梅洋村已成为"国家级生态村""福建省最美休闲乡村",每年梅花盛开之际,吸引数万游客慕名而来。

二、成果成效

福州市有50余个基层妇女组织加入了"姐妹乡伴"项目团队,学习强国、中国文明网、《中国妇女报》《福建日报》、福州新闻网、海外网等多家主流媒体纷纷报道、转载"姐妹乡伴"项目开展情况的新闻报道,成为福州市妇联助力"美丽家园"建设的品牌工作。

案 例 点 评

福州市妇联开展"姐妹乡伴"公益项目,总结提炼出"创新机制增强聚合力、精心培育激发内动力、示范引领提升号召力"建设美丽家园的创新经验,取得了积极的成效,也得到了各级政府和社会的广泛认可。

"婆婆妈妈志愿队"让家园变美

建瓯市妇联

党的十九大以来，建瓯市顺阳乡际下村在村妇联的指导下，在"婆婆妈妈志愿队"的带领下，积极开展垃圾分类等工作，推动全村生态和家居环境实现有效改善。

一、具体举措

"婆婆妈妈志愿队"担重任。为了改善生态，际下村成立了"婆婆妈妈志愿队"，建立"弄长承包制"，负责村庄及河道保洁和巡河护鱼工作。际下村将全村的环境卫生保洁工作分成各个片区，再由自愿无偿参与保洁的妇女担当弄长，实现弄长制管理；划分区域，各区域挑选1名敢说敢管的妇女担任"弄长"。通过宣传入户、身体力行号召村民参与环境整治，际下村"婆婆妈妈志愿队"由原来的12人发展到现在的17个区、120余人，基本实现整个行政村的全覆盖。

推广垃圾分类。制定垃圾分类标准，按照可分解沤肥、可回收利用、有毒有害、其他垃圾四类标准，建立"定标准、定地点、定时间、定职责"的"四定"模式，全村设置17个区块，每个区块设置1个公共垃圾分类转运点，村民自觉分类、定点投放垃圾，保洁员统一收集、转运。建成3个爱心公益超市，制定积分兑换规则，村民收集生活中的废旧电池、破损灯管以及田间地头的农药瓶等有害垃圾到爱心超市可兑换积分，累积到一定积分均可在各爱心超市兑换相应等值的盐、纸巾、食用油等生活必需品。

村组互评。目前际下村17个区已建立垃圾分类交叉互评机制，在村妇联的积极组织下，该村17个区每隔10天在村"两委"的带头下进行交叉互评、排名公示，相互找问题，对互评结果好的区志愿者可得到积分奖励，甚至在际下村得到乡评比奖励的情况下可拿出一部分奖金进行额外奖励。

二、成果成效

全村"共建良好卫生环境、争取评比好名次"的意识被充分激发，村民也逐渐养成"垃圾不落地"的好习惯。在村里，随处可见她们想出的好点子，包括在树上自制竹筒烟灰缸，实行垃圾分类及下阶段计划实施的干湿垃圾分类……这些都是际下村"婆婆妈妈志愿队"队员们聚在一起讨论出的卫生治理新点子。

案 例 点 评

际下村"婆婆妈妈志愿队"的好做法，带动了顺阳乡其他村积极发动村里妇女投身人居环境整治，让文明实践的新风覆盖全乡，展现了妇女"半边天"的力量。

建设清洁家庭　共创美丽家园

江西省妇联

　　为认真贯彻落实习近平总书记关于注重发挥妇女在社会生活和家庭生活中的独特作用的指示精神，江西省妇联把建设清洁家庭作为生态建设、乡村振兴、家庭文明工作的"细胞工程"来推进，凝聚妇女力量、共建共享美丽家园，助力江西省国家生态文明试验区建设、打造美丽中国"江西样板"。

一、具体举措

　　强宣传。各级妇联印制、发放宣传手册和宣传品200万余份，以"扶贫先扶志，脱贫先脱脏，创城先创家""房子再好，要勤打扫才清洁；庭院再大，要勤整理才美丽；家庭财富再多，要和谐文明才温馨"等简明生动、通俗易懂的语言，使清洁家庭理念深入人心。深入校园，开展各类清洁家庭宣传活动400余场，引导孩子们从小养成良好的卫生习惯，与家长一起共同讲文明树新风、讲卫生爱环境，努力营造"人人参与、家家活动、户户受益"的良好氛围。宜春市创作歌曲《美丽宜春跳出来》，并以广场舞大赛形式广为传唱；南昌市新建区以"一袋一册一围裙""一花一画一讲座""一文一课一喇叭"等方式，走进广大家庭；贵溪市通过开展"秀我家庭院"摄影比赛等活动；江西省妇联把各地好的做法和特色亮点工作，发布于"江西女性"微信公众号、"江西女性网"等新媒体，开展了为期半个月的展示接力活动。

　　定标准。各级妇联细化"清洁家庭"小标准。有的提出"净、齐、绿、美、和"的五字创评标准；有的推出"门前三包"责任制（包门前环境卫生清洁、包门前绿化管护、包门前良好秩序），"门内五净"责任制（庭院、居室、厨房、厕所、禽舍清洁干净）；还有的提倡清早起床、铺床叠被、洗脸刷牙、打扫厅房等良好卫生习惯，消除垃圾乱倒、粪便乱堆、禽畜乱跑等不良现象，并制定相应的清洁家庭标准。

　　重创评。各地以评"红黑榜"、晒"红黑榜"为抓手，以"自评、他评、众评"等多种形式组织创评。以村（社区）为单位，成立由当地妇联干部、党员、志愿者和有威望的群众代表组成的清洁家庭评选工作小组，对照评比标准，采取"月月评"等方式，对常住家庭进行实地检查，并进行评分汇总、张榜公示、上户授牌。德兴市采取"党建+妇建+垃圾兑换银行"的形式，参与垃圾兑换的家庭有9万余户。余干县采用环境卫生四级检查法推进清洁家庭创建，即先通过村干部家庭，后村小组组长、党员家庭，然后党员干部家属的评比方式，最后在全村农户中开展；有的定期评出"最清洁户""清洁户""不清洁户"，在各村建立了奖品超市，对最清洁户给予奖励。

二、成果成效

据不完全统计，全省已评选出"清洁家庭"120余万户，群众参与的热情不断高涨。各地因地制宜，创新实践，如：赣州市妇联围绕实施赣南等原中央苏区振兴发展，开展"赣南新妇女"运动，以"清洁家园"为开篇，推进清洁家庭工作广泛开展；新余市妇联把清洁家庭工作纳入乡村环境整治考核；武宁县把清洁家庭工作纳入"山水武宁、清净无染、最美小城、康养福地"的建设中；吉安市青原区把清洁家庭融入乡村生态旅游；瑞金市云山石乡围绕脱贫攻坚，提出"脱贫先脱脏"。

案 例 点 评

江西省妇联把清洁家庭工作作为妇联改革的重要抓手，引导、动员、激励妇女群众从家庭清洁做起，从改变生活和卫生习惯入手，参与农村垃圾、污水治理和村容村貌改善工作，使清洁家庭工作能够扎实地开展在基层、落实在家庭、受益在群众。

创美丽家园　建美丽新余

新余市妇联

2018年以来，新余市妇联扎实推进"美丽家园"创建活动，广泛动员引导农村家庭绿化、美化、净化家园。

一、具体举措

导之有力，突出抓好组织领导。2018年3月，新余市妇联下发《关于印发〈新余市"清洁家庭"活动实施方案〉的通知》，成立了"清洁家庭"创建工作领导小组，县、乡、村三级妇联制订了本地"清洁家庭"创建实施方案，明确工作任务，责任落实到人。

以点带面，整体提升创建水平。新余市妇联在全市413个村委各选定了一个清洁家庭示范村组，每个县区也各建立了两个以上清洁家庭示范点。一方面，实施规范化管理。将"清洁家庭"创建活动纳入村（社区）日常重点管理工作，建立了一个机构、一套制度、一个标准、一支队伍的"四个一"工作机制；另一方面，实施全覆盖战略。全市413个行政村每月开展一次"清洁家庭"评选工作，100%全覆盖，不留死角。由村（社区）妇联牵头组织，负责评比、公示和授牌，乡镇（办）妇联每季度对各村（社区）的创建评选情况进行督导。

抓氛围，全"屏"宣导。充分利用各类媒体渠道，广泛宣传"清洁家庭"创建工作动态和先进做法。2018年7月，新余市妇联与市政府新闻办联合召开了"清洁家庭"创建工作新闻发布会，《脱贫先脱脏，创城先创家，全市各乡镇广泛开展"清洁家庭"创建工作》的新闻先后在《新余日报》、江西省人民政府网、新余市人民政府网等数十家媒体上进行了报道转载，取得了良好的宣传效果。创建活动开展以来，全市共设置"清洁家庭"宣传横幅及宣传栏1250余条（块），"清洁家庭"及家风家教文化墙画230余块、发放"清洁家庭"创建倡议书、宣传单4万余份，制作发布"清洁家庭"相关微信700余条，制作环保袋、围裙等家居用品2万余份，实现了全市"清洁家庭"示范村组标识及评选公示栏全覆盖。

抓培训，全程指导。各级妇联依托"妇女儿童之家"平台，在各类活动中都开设"清洁家庭"专题及相关知识的培训。针对部分贫困户、老龄、文盲等特殊群体，市县乡三级妇联干部与村妇联干部一道，进村入户开展面对面宣讲。志愿者利用周末、节假日在公共场所、农村、社区开展"美丽家园"创建宣传活动及志愿服务。

将"清洁家庭"创建列入优秀家庭、个人的评选中。分宜县双林镇在"清洁家庭"月度评选的基础上进行"五星家庭"季度评选；渝水区评议文明实践活动，家庭清洁与否是其中一项重要评议内容；广大贫困户帮扶干部积极投身于"清洁家庭"创建工作，主动帮助特殊家庭打扫庭院、清扫房间，引导农村贫困家庭培养清洁意识、树立环保理念。

二、成果成效

2019年，新余市共评选出各级清洁家庭22495户，较清洁家庭33869户，不清洁家庭2520户。市妇联推荐的50户农村清洁家庭示范户在2018年和2019年连续两年受到了市委、市政府的通报表扬，并被《中国妇女报》报道。

案 例 点 评

新余市妇联注重建立机制，严格奖罚，加强纵横向交流，及时总结推广先进典型，常态化推进美丽家园建设，有力助推了农村人居环境的改善和提升，创新打造出妇联组织新的品牌工作。

赣南妇女建设美丽新家园

赣州市崇义县铅厂镇妇联

为深入贯彻党的十九大和习近平总书记视察江西和赣州时的重要讲话精神，铅厂镇妇联积极开展"美丽家园"行动，"赣南新妇女"成为助力乡村振兴、建设美丽家园的重要力量。

一、具体举措

选优配强，锻造有战斗力的工作队伍。铅厂镇妇联将村级公益热心人、产业致富带头人等一批事业心强、有责任感的优秀妇女选入村妇联执委班子，由她们分片分组联系妇女，全镇8个村（社区）落实了6000～10000元工作经费，76个妇女小组长覆盖全镇所有村民小组，并落实了每年1200元工作补贴，最大程度地凝聚妇女力量，切实增强妇联干部的战斗力。

建立有生命力的长效机制。结合铅厂镇实际，创新"七个一"工作法（宣传动员说一说、妇女动手扫一扫、微信群里晒一晒、户户打分比一比、清洁家庭评一评、红黑榜上亮一亮、红绿黄牌挂一挂），易操作、接地气的评选活动吸引了群众的广泛参与；在铅厂幼儿园、铅厂中心小学、铅厂中学开展"清洁家园，小手拉大手"为主要内容的主题班会活动；在铅厂镇义安里妇女儿童活动中心开展以"清洁家园，健康随我来"培训教育；在新时代文明实践站（所），开展"赣鄱巾帼心向党　感恩奋进新时代"宣讲活动；在妇女群众中开展"清洁家园"随手拍和"清洁家庭"示范户等创评活动，通过系列创评活动，逐步改变农村脏、乱、差的状况，营造整洁、优美、健康、和谐的生活环境。

以点带面，展现有凝聚力的巾帼风采。一是示范带动。深入挖掘铅厂镇义安村邓小红、王

祥有夫妇"全国最美家庭"故事、环保理念和实际做法，发挥模范家庭的引导作用。铅厂镇妇联择优选出6个示范点，通过树立标杆、以点带面，辐射带动全镇各村、组妇女群众积极参与"美丽家园"建设。二是抓宣传。成立铅厂镇巾帼文艺宣传队，为群众演出10场次，惠及群众6000余名；举办多场专题文艺会演，通过群众喜闻乐见的形式，推动"美丽家园"建设走进村组、企业、学校。三是延伸触角。全镇8个村（社区）共成立16支广场舞队，吸引1800多名妇女群众积极参与，铅厂镇妇联把广场舞队作为接近基层妇女群众的一个"微"组织，用跳广场舞的时间，向大家宣传党的政策，宣传"美丽家园"建设活动。

二、成果成效

铅厂镇妇联以培育"文明乡风、良好家风、淳朴民风"为目标，引导带动全镇2652户家庭从庭院做起，从改变卫生习惯入手，参与农村垃圾、污水治理和村容村貌的改善提升，营造了整洁、干净的生活环境。"赣南新妇女清洁家园"经验做法在中央、省市20余家媒体报道。

案 例 点 评

在建设美丽家园过程中，铅厂镇妇联推动妇女从日常家庭琐事"小灶台"走向美丽乡村建设"大舞台"，有效增强了妇女群众"有组织"的自豪感和找到"娘家人"的归属感，做到妇女群众聚集到哪里，基层妇联组织就覆盖到哪里，最大程度地联系和服务妇女群众，展现出了美丽乡村建设中的巾帼魅力。

让"出彩人家"成为济南妇联工作新名片

济南市妇联

为完成习近平总书记交给山东的"打造乡村振兴齐鲁样板"这项重要政治任务，自2018年2月起，济南市妇联以"庭院美、生活富、家风好"为主要内容，创新开展"出彩人家"创建工作，为乡村振兴、脱贫攻坚作出了应有贡献。

一、具体举措

一是明确创建思路。制订三年行动方案，确定到2020年底，全市"出彩人家"示范户占有庭院的农村家庭比例达10%。先从美丽乡村、文明村和贫困村入手，再以点带面，逐步向全市推开。在参与主体上，鼓励群众立足实际，分类别、分层次开展创建，努力做到人人都能参与、人人都能达标。在职责分工上，全市四级妇联上下联动，市妇联统筹主抓、制订方案、挂图作战，县区妇联安排部署、试点先行、分类推进，镇村妇联宣传发动、因地制宜、入户指导，形成了上下一条心、创建一盘棋的强大合力。

二是突出创建重点。突出宣传引领。坚持"两同步三结合"的宣传方式，媒体网络宣传与进村入户宣传同步开展，讲述出彩故事与展演出彩节目同步进行；街面宣传与妇女之家阵地宣传有机结合，普及性培训与个性化指导有机结合，宣传创建典型与颁发"出彩六件套"（"出彩人家"示范户奖牌、宣传画、收纳箱、图书角等）有机结合，在全市广大农村掀起人人知晓创建、人人参与创建的浓厚氛围。特别是新冠肺炎疫情发生以来，广大家庭积极响应市妇联"争创出彩人家，巾帼共战疫情"活动号召，自觉清庭院搞卫生、学科学严防控、扬家风传美德、抗疫情争出彩，以小家安康促进社会安宁。各区县之间你追我赶、竞相出彩，"一村一品""一村一景""一村一韵"，一个个"出彩人家"示范村正成为美丽乡村建设中的亮丽风景。突出城乡共建。积极探索区县共建、村居共建模式，推动信息互通、资源共享、活动联办、经验互鉴，实现共同出彩。充分发挥阳光大姐、女企协、巾帼文明岗、巾帼法律服务团等资源优势，切实抓好品牌共建、企村联建、岗村联建、律村联建等工作，实现协同发展。

三是健全创建机制。健全组织领导机制。市及区县分别建立由扶贫办、农办、文明办、住建局、妇联等部门组成的联席会议制度，市委副书记、区县分管领导亲自挂帅、全程参与，定期研究解决创建工作的难点堵点。健

全长效推进机制。实行市妇联领导班子成员分片督导制，常态化督导区县创建工作。在"出彩人家"示范村普遍建立"出彩超市"，采取积分兑换奖品方式，调动广大家庭参与创建的积极性、主动性和创造性。注重发挥第一书记作用，推动贫困村踊跃参与创建，激发贫困妇女自我发展的内生动力，全市260余个贫困村参与创建。争取"出彩家庭贷""鲁担巾帼贷"等金融支持，为466个家庭创业增收发放贷款8235万元。健全激励考核机制。编制全市乡村振兴领域首个地方标准《"出彩人家"创建与评价规范》，建立健全对示范户、村（社区）、镇（街道）及区县的考核评价指标体系，形成月调度、季督导、半年观摩、年底考评的创评机制。

二、成果成效

全市有4530个常住庭院的村庄全部参与创建，74507个家庭、361个村（社区）和21个镇（街道）分别达到示范户、示范村（社区）和示范镇（街道）标准。"出彩人家"不仅创到了农村家庭的室内室外、房前屋后，还创到了大街小巷、田间地头，更是创到了老百姓的精气神里，创到了他们的心坎上。

案 例 点 评

"出彩人家"创建工作找准了"党政所急、妇女所需、妇联所能"的交汇点，成为妇联组织围绕党政工作大局发挥独特作用的有力抓手，成为激发广大妇女内生动力、凝聚巾帼力量的有效载体，成为提升妇联干部能力素质的实践舞台，探索出了一条妇联组织助力脱贫攻坚、服务乡村振兴、参与社会治理的有效途径。

牵手扶贫共建"美丽家园"

济宁市妇联

围绕改善农村家居环境卫生，济宁市各级妇联开展"美丽家园"建设活动，在实现乡村振兴和脱贫攻坚中贡献巾帼力量。

一、具体举措

妇联牵头部门联动。济宁市妇联成立"清洁庭院"创建工作指挥部，出台《济宁市"清洁庭院"创建活动实施方案》，将"美丽庭院""清洁庭院"创建工作纳入全市综合考核。市妇联牵头，与市卫计委联合，将"清洁庭院"工作纳入卫生村镇创建内容；与市下派办联合开展"美丽庭院"创建"户户到"活动；与市教育局联合在中小学生中广泛开展了"晒晒我的家、争做'美丽庭院'小能手"劳动实践活动；与宣传部门联合，将"美丽庭院""清洁庭院"创建纳入"文明家庭""最美家庭"等评选活动。

分类施策精准帮扶。市妇联争取市级专项扶贫资金1000万元，以"五净两整齐"为标准，面向全市所有贫困户深入开展"清洁庭院"创建活动。以镇村为主体，全面摸底排查所有贫困家庭卫生状况，进行梳理归类、建立台账。对有劳动能力的贫困户，通过宣传培训、现场指导、志愿帮扶等方式，鼓励他们自己动手，清理家庭卫生，由包保责任人做好督导检查；对无劳动能力的贫困户，通过政府购买保洁服务、邻里互助、志愿服务等方式帮助其改善提升家居环境。

广泛宣传凝聚合力。市县妇联在新媒体、报纸、电视开辟专栏，制作《美丽庭院、美在我家》微视频，通过妇女工作微信群传播动员。创编快板《"美丽庭院"大家建》，通过农村课堂、集市活动、农村广场舞队伍广泛传唱等宣传方式，让创建活动家喻户晓。开展"美丽庭院""清洁庭院"创建专题培训，帮助广大农村家庭树立卫生健康意识。广泛宣传先进典型，开展"讲、创、比、赛、评"活动，激发群众的参与热情。争取爱心企业支持，在试点镇村设立爱心超市，实施积分制奖励，激励有劳动能力的贫困户积极主动清理家庭环境卫生，以劳动换取物资。借助腾讯公益平台，面向社会发起"牵手扶贫　共创清洁"活动，各级妇联组织发动10万群众参与募捐，募集善款240多万元。

加强督导检查。充分发挥4.6万名镇村妇联干部和执委作用，实行妇联执委包保联户制度，进村入户指导做好创建工作，对不愿干的家庭带着干、评着干，对不会干的家庭教着干，对干不了的贫困失能家庭帮着干。组织妇女代表定期检查评审，对达标的家庭及时挂牌奖励，对不达标的家庭督导整改。建立督导调度制度，采取"四不两直"方式对"清洁庭院"创建工作进行明察暗访，对照台账随机入户进行检查。实行创建工作每周一调度制度，及时向各县（市、区）妇联下发创建工作通报，对通报的问题，限时整改跟踪督导落实，巩固创建成果。

二、成果成效

全市12.29%农村常住户已建成"美丽庭院"示范户，97.8%的贫困家庭已建成"清洁庭院"。他们的经验做法被《中国妇女报》《大众日报》《山东妇女儿童工作简报》等多次宣传报道。

案 例 点 评

济宁市妇联通过宣传、多部门协作，形成"美丽庭院""清洁庭院"的共创共建氛围，广大家庭广泛参与家居环境整治，践行科学、文明、健康的生活方式，助推乡村振兴和农村人居环境改善。"清洁庭院"创建极大改善了贫困家庭的卫生环境，提振了脱贫致富的精气神。

精致农家　向美而生

威海市妇联

为进一步落实好习近平总书记视察威海时提出的"威海要向精致城市方向发展"的指示,威海市妇联在全市农村广泛开展"精致农家·美丽庭院"创建工作,引导农村家庭改变陈规陋习、养成健康文明的生活方式,以良好家风带动淳朴民风,为助推全面建成小康社会注入巾帼活力。

一、具体举措

*因地制宜,凸显地域特点。*威海市妇联确立两种标准:整洁、干净、清爽的"清洁农家";"庭院美、居室净、家风好、诚信优"的"精致农家"。出台《关于深入开展"精致农家·美丽庭院"创建活动的实施意见》和《威海市"精致农家·美丽庭院"创建工作考核细则》等文件,对创建标准、进度安排、评分指标进行了细化和明确。指导将创建工作"分类户"统一挂图上墙,实现看有样板、学有榜样、创有目标。威海市妇联打造了王家疃村"柿园民居"、车脚河"花村"等文艺庭院、生态庭院,全市创树了"厚德环翠""如画文登""精致界石""靓居临港"等富有地域特色的工作品牌。

*亮牌服务,激发基层活力。*充分发挥全市3000多个镇街和村社区妇联组织、

2万多名妇联干部和妇联执委作用。新冠肺炎疫情期间，通过"硬核喊话"、发放宣传资料、参与一线执勤等方式，宣传普及卫生清理、居家防疫等生活常识，传播居家健身、家风家教等文明新风，带动更多家庭参与"精致农家·美丽庭院"创建工作。开展"执委联万家"活动，将统一制作的11万张执委联系卡送到联系户手中；开展"精致农家·双包共建"活动，采取2个区（市）直妇委会包扶1个镇街的"2+1"模式，通过捐赠物资、志愿服务等形式，引导困难群众自觉做到"摆整齐、擦干净、变整洁"，养成良好的生活习惯，全市1.59万户建档立卡贫困家庭实现了创建工作全覆盖，是全省唯一一个将建档立卡贫困户全部纳入创建工作的地市。

创活长效管护机制，巩固创建工作成果。威海市妇联联合专业力量研究制定地方创建标准，积极申报省级标准化试点项目，引领创建工作科学、规范发展，破解创建标准不统一难题，威海市"精致农家·美丽庭院"创建工作成为全省唯一一个"美丽庭院"方面的"山东标准"示范项目。积极与全市信用体系建设相结合，集中建设了349处"巾帼信用超市"，市妇联拨付配套资金104.7万元，发挥小超市汇聚乡村振兴大能量的积极作用，引导村民通过"劳动换积分、积分换物品"的方式，积极参与创建工作，巩固提升创建成果，全面推动创建工作提档升级。

二、成果成效

威海市"精致农家·美丽庭院"示范户累计建成数已达100177户，建成率达30.3%，精品户累计建成数33365户，建成率达10.1%。

案 例 点 评

"精致农家·美丽庭院"创建工作，突出"精致"特色，让威海33万农村常住户家庭养成了健康生活方式，培育了文明和谐家风，达到了"一户一品、一村一韵"，形成了可复制、可推广的经验做法，在全市引领形成"家家精致、人人精神"的文明新风尚，共同打造了"精致农家"威海品牌。

三改三新　美在农家

临沂市费县妇联

党的十九大以来，费县妇联认真落实省市要求，全力推进"美在农家"创建提档升级，将之作为"美丽家园"建设的具体实践，引领广大农村妇女整治美化家居环境，践行文明健康生活方式，让农村成为安居乐业的美丽家园。

一、具体举措

坚持以改造思想为先，引导群众树立新观念。费县妇联争取县财政每年划拨专项资金100万元，用于学习培训和示范户"以奖代补"。为推进活动，展开全方位宣传。以主流媒体、广场舞、微信、视频、抖音等作为宣传渠道。组织万名妇女观看《沂蒙情　红嫂颂》专题片，开展"小手拉大手，美在农家齐动手"活动，通过全县10万名中小学生影响改变家庭生活习惯。将居家整理微视频推送给全县妇女，强化居家学习。在"费县发布""费县妇联"等微信公众号定期发布家居收纳、美化居室等知识，展示"美在农家"创建成果；在县、乡、村三级妇联微信群晒活动、晒做法、晒成果，掀起比学赶超热潮，实现了由"要我美"向"我要美"转变。

坚持以改变行为为基，倡树文明生活新风气。一是加强业务培训。实施"沂蒙母亲素质提升工程"，举办"新农村新生活"培训班，利用三年时间把农村妇女全部轮训一遍。按照"庭院美、居室美、厨厕美、家风美"创建标准，通过线上+线下课堂、固定+流动课堂开展培训，引导广大妇女养成文明健康生活习惯。二是强化对标学习。建立"县带乡、乡带村、村带户"三级分层学习模式，组织经济条件相对宽裕、具有一定威信和文化程度的农村妇女4000余名，赴先进市县参观学习；实行交流学习月制度，组织落后乡镇到先进乡镇学习、新申报村到老示范村学习、一般户到示范户学习等方式，巩固成果，扩面提质。三是倡树文明新风。实施文明家风培育行动，开展"好媳妇、好婆婆、好妯娌""最美家庭""美在农家"擂台赛等系列评选活动。

坚持以改善环境为要,打造"美在农家"新风貌。一是典型示范带动。实施"三千示范工程",发挥千名村"两委"成员、千名妇联执委、千户示范户带头作用,坚持梯次推进,培树市县两级"美在农家"示范村,验收合格的示范户给予挂牌表彰及鞋柜、脚垫、花卉等物品奖励,以点带面,连线成片,确保了镇镇有样板、村村有特色。二是帮包督导推动。实行县、乡、村三级妇联干部包村带户、督导指导制度,县妇联班子成员分片帮包乡镇、乡镇妇联干部定向联系村居、村妇联执委帮包3~5户示范户。实行"村自查、乡复查、县验收"创建模式,坚持边验收、边学习、边找差距。县妇联对创建工作进行月督导通报,变运动式创建为常态化保持。三是志愿服务拉动。共组建"美在农家"志愿服务队170支,志愿者1400余人。建立"爱心超市"7处,实行积分管理,帮扶薄弱户并每月评选最美志愿者进行奖励。四是富美同步促动。引导妇女因地制宜发展农家乐、苗木花卉种植等庭院经济。

二、成果成效

全县累计创建各级"美在农家"示范村163个,打造"一花一树富美庭院"示范区3处,15%的农村常住庭院建成示范户。2018年5月,相关做法在全国妇联"乡村振兴巾帼行动"美丽家园建设培训班上作交流发言。

案例点评

"美在农家"创建,难在转思想,重在抓落实,贵在常态化。费县妇联践行"三改"工作理念,一手抓集中创建,一手抓常态长效,完善督导奖励长效机制,实现了庭院美和家风美常抓常新,以一家之小美共绘乡村振兴之大美蓝图。

共建"美丽庭院" 共享幸福生活

河南省妇联

为深入贯彻落实习近平总书记关于河南工作的重要讲话指示精神，积极推进"乡村振兴巾帼行动"，河南省妇联广泛开展"美丽庭院"创建活动，不断深化"美丽家园"建设，引领广大妇女和家庭共建共享生态宜居、文明和谐的幸福美丽新家园。

一、具体举措

提高政治站位，精心谋划部署。一是高度重视强化设计。推进省委、省政府将"美丽庭院"创建纳入《河南省乡村振兴战略规划（2018~2022年）》《河南省乡风文明建设三年行动计划》《关于加强以新时代党的建设为根本的基层基础工作的若干意见》，为"美丽庭院"创建工作指明方向、厘清思路、提供保障。二是协同发力稳步推进。省妇联会同省文明办、省委农办、省住建厅联合下发《关于印发〈河南省"美丽庭院"创建活动实施方案〉的通知》和《关于深入推进"美丽庭院"创建活动的通知》，以"家和、院净、人美"为标准，开展"庭院环境治理、生活垃圾分类、巾帼志愿服务、品牌活动打造、文明家风培育"五项行动。三是现场观摩提升水平。召开全省乡村振兴巾帼行动现场推进会暨乡村旅游巧媳妇带头人培训会，交流介绍"美丽庭院"创建经验和成效，深入"美丽庭院"示范户观摩学习，对创建工作再部署再推进。

创新方式举措，创建亮点纷呈。一是清洁环境扮靓庭院。依托城乡"妇女之家"，发挥广大妇女和家庭特别是"四组一队"成员作用，举办"中原女性大讲堂"，开展"中原好家风"巡讲，广泛宣传普及卫生清洁、绿色生态、家庭教育、乡风文明等知识，引导妇女和家庭养成健康的生活方式和行为习惯。开展庭院净化、绿化、美化行动，实施清洁家园行动，分类处理生活垃圾，扮靓庭院环境，建设美丽乡村。二是打造品牌激发活力。开展"美丽庭院"创建示范县（市）、村（社区）确定工作，开展晒晒我的"美丽庭院"、"美丽庭院"擂台赛、风采展、随手拍等活动，并对评出的"美丽庭院"进行"送匾挂牌"。组织妇女群众到"美丽庭院"示范户、"巧媳妇"基地进行观摩互学，激发妇女和家庭创建热情和活力。三是志愿服务温暖人心。利用春节、"三八"妇女节、世界环境日、重阳节等节庆日，开展"巾帼建功新时代　志愿服务暖人心""移风易俗树新风　文明扶志助脱贫"、"志愿服务乡村行"、文化科技卫生"三下乡"等系列活动。四是文明家风引领风尚。开展寻找"最美家庭"活动，开展"传家训、立家规、扬家风"活动，评选"五好家庭""乡村好媳妇"等先进典型。

健全完善机制，务求创建实效。一是强化组织抓落实，初步形成了"党委领导、政府重视、妇联负责、部门联动、社会参与、群众共建"的工作机制，确保创建工作扎实推进。二是深入调研解难题。深入许昌、信阳、濮阳、开封、商丘等地实地调研，掌握"美丽庭院"创建的基本情况和经验做法，推动解决创建工作中存在的困难和问题。三是广泛宣传强引导。发挥全省1万多支基层巾帼宣传队作用，将"美丽庭院"创建内容编排成情景剧、快板书、三句半等群众喜闻乐见的节目，利用《河南日报》"出彩半边天"、河南广播电视台"新月亮船"和省妇联"中原女性之声""共建美丽庭院　共享美好生活"栏目，广泛宣传"美丽庭院"创建典型经验，营造浓厚氛围。

二、成果成效

全省评选命名"美丽庭院"创建示范村3381个、示范户19.58万余户。组织17万余名巾帼志愿者走村入户，宣讲创建常识，参加垃圾清运，帮扶困难家庭，传递爱心温暖，全省开展创建活动7.78万多次。

案 例 点 评

通过创建活动，人居环境更美了，妇女精神面貌更好了，乡村文明程度更高了，用庭院"小美"点亮了乡村"大美"，用妇女特有的勤劳和智慧绘就了魅力乡村、出彩中原、美丽中国的绚丽画卷。

"四组一队"让村美、家美、人更美

洛阳市妇联

围绕美丽乡村建设，洛阳市妇联以"美丽庭院"创建为工作载体，在进一步改善人居环境中彰显女性力量和风采，书写出村美、家美、人更美的和谐诗篇。

一、具体举措

建强"四组一队"，凝聚创建合力。2019年，洛阳市委组织部将妇联"四组一队"建设纳入洛阳市《关于党建引领、"三治并进"、服务进村全面提升基层治理能力的意见》，为"美丽庭院"创建提供了人才支撑和组织保障。在乡镇和村（社区）配备兼挂职干部，把更多有影响力的女能人、各类妇女典型吸纳到"四组一队"。通过发放"美丽庭院"倡议书、张贴宣传标语、推送微信等方式全方位做好宣传，在妇联微信公号上开辟了"美丽乡村看庭院，庭院美丽看巾帼"专栏，持续对各县（市、区）典型做法进行宣传，601支巾帼宣传队通过丰富多彩的文艺活动宣传"美丽庭院"创建内容，让创建工作真正在农村扎根。洛阳市委明确把"美丽庭院"创建纳入全市生态振兴重点工作后，市妇联主动与文明办、农业农村局、扶贫办对接，把"美丽庭院"评选工作与其他各项工作有机结合，合力推进"美丽庭院"创建工作深入开展。

严格落实标准，以点带面突破。按照"家和、院净、人美"的标准开展"美丽庭院"创建，重点实施五大行动：实施环境卫生整治行动，动员妇女和家庭清洁庭院卫生，养成清洁美化环境的好习惯；实施庭院绿化美化行动，推广"绿化角""庭院花圃"扮靓庭院环境，倡导"低碳生活"；实施巾帼志愿服务行动，帮助孤寡残疾、空巢老人家庭做好卫生保洁，促进妇女洁自家、洁娘家、洁邻家；实施品牌打造行动，开展"美丽庭院"星级评比、擂台赛、风采展等活动，打造特色创建品牌；实施文明乡风培育行动，开展形式多样的"好婆婆""好媳妇""最美家庭"评选活动，繁荣农村群众文化生活。指导各县（市、区）妇联以点带面，示范先行。每个县（市、区）确定1~3个"美丽庭院"示范乡镇，每乡镇确定3~5个示范村，每个村确定10~20户标兵户。组织在栾川召开"美丽庭院"现场推进会，同时协调各县（市、区）党委副书记把"美丽庭院"创建同党建工作、环境卫生整治、厕所革命、文明城镇等工作同部署、同落实，通过一院一韵，一户一品的打造，实现以"美丽庭院""小盆景"展现全市美丽乡村"大风景"。

整合资源联动，推进长效管理。市妇联联合相关部门先后下发了《洛阳市委组织部、洛阳市妇联关于大力开展"双推行动"实现妇联基层组织振兴的实施意见》《洛阳市"五美庭院"创建活动实施方案》两个重磅文件，明确了"四组一队""美丽庭院"创建的组织领导和经费来源，强化工作保障。建立市、县、乡三级督导体系，一月一指导、三月一督查、半年一评比，市妇联与各县（市、区）妇联签订了目标责任书，建立长效机制，将考评结果纳入全市改善农村人居环境考评，提高"美丽庭院"创建水平。实施县、乡、村三级联创，分季度、年度制定推进工作计划。各县（市、区）实现2019年年底至少20%、2020年年底至少50%、2021年年底达85%以上"美丽庭院"户。

二、成果成效

全市村（社区）"四组一队"成员达到69100人，覆盖率达90%以上。全市农村已有75%的家庭参与到"美丽庭院"评选中来，30%以上农户完成庭院整治，达到"美丽庭院"的标准。

案 例 点 评

洛阳市妇联坚持以"家和院净人美"为创建标准，通过开展"庭院环境治理、生活垃圾分类、巾帼志愿服务、品牌活动打造、文明家风培育"五项行动，推进"美丽庭院"创建，促使洛阳家居环境显著改善，群众文明素质明显提升，和谐和善和美氛围日益浓厚。

创建幸福"小庭院"
建设秀美"大乡村"

新乡市妇联

秉持"幸福庭院人人建,秀美乡村家家享"的理念,新乡市妇联把"美丽庭院"创建活动作为助力乡村振兴、脱贫攻坚和环境治理的重要载体,坚持"一个标准",即"家和院净人美"创建标准;突出"两条主线",即整体工作抓提升,重点片区抓示范;抓好"五项行动",即庭院环境治理、生活垃圾分类、巾帼志愿服务、品牌活动打造、文明家风培育,引领全市妇女群众和广大家庭共建幸福家庭、共享美好生活。

一、具体举措

精准实施。新乡市妇联相继下发《深入推进"美丽庭院"创建活动的通知》《关于开展新乡市"美丽庭院"创建示范村、示范户推荐工作的通知》等文件,成立组织机构,制订工作方案,明确目标任务,形成了"政府主导、家庭主体、妇联牵头、部门协同、社会参与"的长效管理工作格局。"美丽庭院"创建已纳入农村人居环境整治重点专项行动之一,也是对县(市、区)妇联工作的重要目标考核。

扎实推进。召开县(市、区)宣传动员会议,认真安排部署,组建以妇联干部、专家教授、巾帼志愿者等为主力军的优秀讲师团队伍。依托"牧野女性大讲堂""四组一队""基层巾帼宣传队"等开展宣讲,宣传普及卫生清洁、低碳环保、垃圾分类、家风家教等知识,充分利用市妇联网站、新乡女性微信公众号等新媒体开辟专栏,及时对接《中国妇女报》《河南日报》刊发宣传稿件,线上线下广泛动员,引导广大妇女群众树立生态环保意识和节能低碳的生活理念。巾帼志愿服务队挨家挨户发放"美丽庭院"创建倡议书;基层巾帼宣传队自编自演舞蹈、快板、三句半、情景剧等文艺节目,宣传正确的家教观念、最美家庭故事,让最美家风树立起来。

示范带动。全市以推荐评选"美丽庭院"示范村、示范户为基准，以户带村、以村带乡、以乡带县，形成"美丽庭院"建设"抓点连线带面"的燎原之势，各级妇联通过"经常晒、定期评、相互赛、集中演"等多种形式开展创建活动。

强化督导。市妇联积极参与全市人居环境整治百日攻坚行动，重点督查垃圾治理、厕所革命、污水处理、"美丽庭院"创建等工作，下达限期整改通知书56份，并将督查排序结果在《新乡日报》公布。持续开展寻找"最美家庭"、创建"和睦家庭"活动，联合市委宣传部开展"文明家庭""三巡进千村"和"道德模范评选"等活动。坚持把"美丽庭院"创建与脱贫攻坚工作相结合，大力推进"巧媳妇"创业就业工程示范基地建设，通过开办培训班，引进家庭手工业，栽培果树花卉，种植经济作物，既美化了家园，又增加了贫困家庭收入。

二、成果成效

全市共有1000多个村参与创建，共评选命名各级（市、县、乡、村）"美丽庭院"示范村101个、示范户9710户，"日子有奔头、干事有劲头、生活有甜头"成为新乡农户的真实写照。

案 例 点 评

新乡市妇联切实把"美丽庭院"创建作为深入实施"乡村振兴巾帼行动""家家幸福安康工程"的重要抓手，目标明确，举措有力，效果显著，真正做到了"美丽一个家 幸福一座城"。团结带领广大妇女为书写"乡村振兴"新篇章凝聚巾帼之力，为推动妇女事业新发展绽放巾帼之美。

开展"美丽庭院"创建 助力美丽乡村建设

商丘市民权县妇联

商丘市民权县妇联团结引领全县广大妇女和各级妇联组织积极投身美丽乡村建设，深入推进"美丽庭院"创建活动，共享美好生活。

一、具体举措

加强领导，广泛宣传。民权县妇联与农办、扶贫办、文明办等部门制订下发《关于开展"百村千户争创美丽乡村美丽庭院"活动实施方案》，明确任务目标，确定创建内容、标准及工作要求。召开乡镇妇联主席培训会，开展"美丽庭院"创建倡议行动，县乡两级发放倡议书25万余份。全县各级妇联组织，利用微信公众号、微信群、村头广播等广泛宣传，在全县营造创建氛围。组织巾帼志愿者深入农村家庭，通过发放倡议书、张贴标语、文艺演出等多种形式，广泛宣传创建目的意义和方法举措。共张贴、悬挂标语2300幅、文艺演出80场、发放宣传资料15万份，开展宣讲活动190次，覆盖10余万个家庭。开展"凝聚巾帼力量建设文明家庭"活动，通过与寻找"最美家庭"、评选"五好家庭"相结合，组织广大群众晒家庭幸福生活、议良好文明家风、讲家庭和谐故事、展家庭文明风采。

明确责任，奖赏激励。县妇联在农村持续开展家居美化净化、家庭伦理道德、移风易俗、家庭教育、文化娱乐、身心健康等培训，评选表彰"最美家庭""五好家庭""好媳妇好婆婆好妯娌"等典型家庭角色。坚持用道德模范、妇女典型引领家庭。在村（社区）设立光荣榜等宣传阵地，开展形式多样的优秀传统文化传播活动。创新"家庭文明建设行动"，以家庭清洁带动环境美化、以家庭文明促进社会文明。组织动员妇女群众集中开展整治环境卫生大会战、大扫除活动。自觉参与改水、改厨、改厕，打扫卫生死角，清理堆积物，自觉做到定点投放、定时清理垃圾，改变传统生活陋习，科学布局居室，综合利用庭院，实现家居庭院净化、绿化、美化。乡镇（街道办）与村委制定门前"三包"管理制度，签订责任书。每村成立一支由村妇联主席、女党员、妇女骨干等不少于10人组成的巾帼管护队，负责督促检查评比工作。每个行政村每20户推荐一户，每月评选一次，对评选出的示范户挂牌，并给予适当物质奖励。

完善机制，跟踪督导。县妇联、县农办、县扶贫办、县文明办等部门强化对"美丽庭院"创建的监督检查，定期采取"抽查+督查"相结合的方式，对乡镇（街道办）的创建情况进行实时督查，形成了"乡镇党委重视、各级妇联干部齐抓共管、妇女群众积极参与"的良好局面。

二、成果成效

通过"美丽庭院"创建，全县妇女群众和家庭的主体参与意识、环境保护意识得到进一步增强，庭院环境得到明显改善。绿色文明生产生活方式逐渐形成。共培树好媳妇、好婆婆等优秀家庭角色2000余名。已评选县级"美丽庭院"示范户2000户，县级财政拿出40万元资金给予每户200元的奖励。创建工作取得阶段性成效，有力提升了群众的获得感、幸福感。

案 例 点 评

民权县妇联不断创新工作方式方法，以点带面，"示范推动"，串点成线，压实责任，让创建更有力度。通过宣传发动、督查指导，上下联动、层层创评、集中整治、典型示范，持续推进"美丽庭院"创建真落地、见实效。

以"五美农家"助推家风、乡风、民风

武汉市妇联

按照全国妇联、湖北省妇联的工作部署,武汉市妇联在全市农村家庭中开展了寻访"五美农家"活动,创新推进美丽家园建设等工作。

一、具体举措

统筹谋划,做好顶层设计。武汉市妇联制订下发《武汉市妇联关于开展寻访"五美农家"活动的方案》《寻访"五美农家"活动指导手册》。在实施过程中,在农户家开展"五个一"活动,即一副新风联、一面家训墙、一张幸福照、一件传家宝、一道家风菜,吸引广大农村家庭积极参与,形成特色亮点。

以点带面,力促整体推进。市妇联深入到村庄,进行实地调研走访,通过典型案例推介活动,以鲜活的榜样力量带动整体推进。2018年6月7日,在江夏区五里界街小朱湾召开了全市寻访"五美农家"活动现场推进会。组织"五美训练营",在5个新城区寻访活动示范点共提供庭院环境改造、形象礼仪提升、家风故事会3大类别4个主题活动;围绕"家风美"开展"好媳妇、好儿女、好公婆"评选活动;围绕"庭院美"开展"最美庭院秀"、清洁家园等活动;围绕"言行美"组织家庭成员积极参加农村家礼课堂;围绕"生活美"开展移风易俗、弘扬时代新风行动,推进红白喜事集中办理;围绕"奉献美"广泛开展"邻里守望""美丽村湾你我同行"等多种形式的巾帼志愿服务活动。在寻访活动中,通过讲、评、晒,将农户家庭"五个美"集中展示,形成"生动可亲、真实可信、优秀可学"的榜样力量。

加强领导,建立长效机制。市妇联加强统筹协调,按照"三个一",定期召开一次调度会，推介一批经验方法，发现一批"五美农家"典型的做法进行整体推进。各新城区妇联强化系统思维，把抓示范点与整区推进相结合，切实做好寻访"五美农家"活动。各街妇联具体指导设计活动载体，提出具体要求，各村妇联负责具体实施，做好寻访工作。妇联按照将寻访活动贯穿全年的要求，引导广大农村家庭创造美好生活、享有美好生活，在共建共享中不断增强获得感、幸福感。寻访"五美农家"活动直接面向农村家庭、农民群众，评议会由群众互评互议互推，产生村民认可的"五美农家"，力戒形式主义，不做表面文章。

二、成果成效

近两年来，全市共寻访"五美农家"200余户。其中，万兰香、胡丹等10户"五美农家"将作为五美网红微视频拍摄候选家庭，通过新媒体在全市进行宣传。寻访活动，提升了家庭对"美"的认知；强化了家庭践行"美"的能力；扩大了家庭"美"的影响力。获评"五美农户"家庭凝聚了"五美"力量，传播了社会正能量。

案 例 点 评

该案例以家风美、庭院美、言行美、生活美、奉献美"五美"为标准，深化农村寻找"最美家庭"活动，特色突出，工作创新，涌现出了一批典型，助推了乡风文明，传播了社会正能量。

建设"美丽庭院" 助力乡村振兴

枝江市妇联

按照枝江市委、市政府的统一安排部署，枝江市妇联牵头"美丽庭院"建设工作，依托组织优势，市妇联以深入细致的工作，发挥出不可替代的重要作用。推进村庄整治、建设美丽家园，妇联组织和农村妇女责无旁贷。

一、具体举措

深入宣传。市妇联制订下发《"乡村振兴 妇女先行"巾帼志愿服务主题活动方案》等三个文件；村妇联执委挨家挨户上门宣讲开展农村人居环境整治、建设"美丽庭院"的重要意义；借助"枝江妇联"官方抖音号、微信公众号、各类网络群组织推送宣传，使"美丽庭院"建设深入人心；举办"小手拉大手 洁家靓乡村"主题实践活动，组织创作通俗易懂、朗朗上口的歌谣，《喜看庭院变了样》和《"美丽庭院"我装扮》在群众中广为流传；持续开展寻找"最美家庭（媳妇、婆婆、妯娌）"活动，身边"最美"典型引领乡风文明建设，"美丽庭院"成为承载家庭幸福、提升美丽乡村品质的有效载体。

注重身体力行。村妇联主席带头拆除违建、美化庭院，整治自家小环境，其他妇联执委跟着干，形成良好的示范效应。全市成立了169支巾帼志愿服务队，由妇联执委、妇女代表、女性党员、女能人等组成的1800余名队员带头参与人居环境整治的义务活动，层层发动，人人参与。每季度召开全市"美丽庭院"建设现场拉练会，组织镇村妇联干部、妇女代表观摩互学，让基层妇联干部看有样板、学有榜样、创有目标。

　　坚持奖惩并举。实行正向激励和反向倒逼相结合，让表现好的村民得实惠，让表现差的村民丢面子甚至受惩罚，激励群众从"袖手看"到"主动干"。创新"一月一评"工作模式，每月组织巾帼志愿者和"生态小公民"对各户按最清洁、清洁、不清洁三个等次评比，结果在村广播和微信群内公布，对月度"美丽庭院"敲锣打鼓授予流动红旗，激励群众参与美丽家园建设。在此基础上，实行"环境卫生积分制"，每季度对农户垃圾分类、洁净庭院、种花植树等行为奖励积分，对不爱护环境的农户扣分，积分可兑换相应生活用品；积分不达标的参加3天义务劳动，在村里的大喇叭和微信群中通报。市镇妇联通过"镇比镇、村比村、户比户"，在全市掀起比学赶超的工作热潮。

二、成果成效

　　"美丽庭院"建设工作不仅提高了妇女干部的能力和素质，还大大提升了妇联组织的向心力、凝聚力、战斗力，全市各级妇联组织上下"一盘棋"，妇联工作真正在基层落地落实落细，妇联受到市委的高度评价和多次表扬。广大农村妇女在"美丽庭院"创建中唱"主角"，在家庭中的话语权不断提高，她们以更加自信、更加自强的姿态在广袤农村建功立业、熠熠生辉。

　　枝江市妇联坚持党建带妇建，找准自己的定位和着力点，以一家一户的认同与参与为落脚点，以妇联干部的示范引领带动为切入点，以正向激励和反向倒逼相结合为突破点，广泛发动农村妇女群众，使农村妇女从"要我美"变为"我要美""我能美"，在农村人居环境整治中作出了应有的贡献。

创建"清洁庭院" 助力添彩美丽乡村

大冶市妇联

大冶市妇联以"清洁庭院巾帼行动"为载体,充分发挥城乡妇女的主力军作用,引导她们转变生活观念,提升文明素质,从清洁自家庭院做起,净化街道,扮靓家园。

一、具体举措

抓宣传,创建活动家喻户晓。全市各级妇联组织开展多种形式的宣传,向全市妇联系统干部讲解、宣传"清洁庭院巾帼行动"工作;各乡镇层层动员,组织召开好村"两委"、村民理事会、妇女代表专题动员会、妇女代表培训会等,进一步明确"清洁庭院"工作任务及职责;各创建村(社区)及市直各单位驻村工作组、妇委会通过张贴标语、建文化墙、举办启动式等方式,多途径、多渠道宣传、发动妇女及家庭自觉践行"洁庭院、讲文明、除陋习"的良好风尚。发放《"清洁庭院巾帼行动"倡议书》10万余份,与农村(社区)家庭主妇签订庭院卫生保洁承诺书2万余份,使广大妇女和家庭树立了"村庄是我家,靓家即靓村"的理念。

强试点,巾帼志愿遍地开花。大冶市妇联采取了创办试点,以点带面,全面铺开的办法。全市14个乡镇精心选报基础条件较好的村(社区)为示范创建点,先行先试。每个试点行政村都有巾帼洁庭院工作小组,每组有1~2名热心妇女加入理事会,负责洁庭院日常工作考核。各乡镇、村、自然湾组织热心妇女群众,成立了巾帼保洁队、植绿护绿队、文艺队等各类型巾帼志愿者队伍,并充分发挥她们的特长,推动巾帼志愿服务活动常态化。全市组建各类志愿服务队400余支,参与者达7800余人。

树典型,户户争当"美丽庭院"。将"庭院清洁"作为"最美家庭"评选标准之一,大力宣传在评选活动中涌现出来的先进妇女典型,积极倡导尊老爱幼、睦邻友好新风尚。同时,各乡镇、村(社区)依托"妇女之家"、社区广场等阵地,开展"美丽庭院"观摩评比、"靓家巧妇"展示、家风大讨论等系列活动,不断发现和培育优秀家庭典型，进一步传承文明乡风，深化"清洁庭院行动"内涵。

重督导，创建机制有效形成。妇联推动建立了"每天一清扫、每周一检查、每月一公示、每季一考核、每年一评选""五个一"长效工作机制，杜绝图形式、走过场，应付考核的现象发生；建立"庭院卫生清洁户"评比制度，明确评比标准，以评比促提高。同时，按照创建清洁庭院考核办法，通过日常指导、随机抽查、年终检查等方式，加大工作督促检查力度。

二、成果成效

全市已创建清洁庭院示范村116个，评选"卫生家庭""美丽庭院"共866户，"靓家巧妇"866人，各乡镇、村（社区）妇女群众自觉参与清洁庭院活动意识逐步提高，尤其是116个试点创建村，长效庭院保洁制度得到了较好落实，家家户户无不以争创积极卫生家庭、"美丽庭院"为荣。

案 例 点 评

大冶市妇联以"清洁庭院巾帼行动"为主要抓手，积极争取党委政府支持，以项目化的运作，推动妇女和家庭积极参与，改善庭院卫生，整治村庄环境、改变农村面貌，展示出"半边天"的担当，提升了姐妹们的素质和能力，实现了多赢。

红色文化滋养振兴　巾帼力量助推发展

长沙县开慧镇妇联

　　开慧镇是毛泽东同志爱人杨开慧烈士和中共第一位女党员缪伯英的故乡。开慧镇结合镇情实际，积极响应中央振兴乡村、建设美丽家园的号召，将妇女发展与产业发展有机结合起来，动员农村妇女积极投身乡村振兴战略，增强了就业创业信心，提升了妇女素质，推进了产业发展，优化了生态环境，盘活了闲置资源，有效增强了妇女群众获得感。

一、具体举措

　　积极传承红色基因。杨开慧、缪伯英烈士作为开慧镇的精神支撑，湘籍女作家余艳以杨开慧手稿为线索，以历史为依据，创作了《板仓绝唱》、长篇纪实文学《杨开慧》，生动地讲述了杨开慧不凡的一生与斗争精神。缪曼聪女士通过讲述缪伯英的故事，开展不忘初心、传承红色基因的教育与宣传。开慧镇妇联结合开慧、伯英烈士精神，组织20多名巾帼宣讲员，宣讲100多场。妇联组织20多位妇女积极参与"大学带小学，家乡学子情"关爱留守儿童活动；以乐和文化为引导，评选出数十位"新二十四孝""最美儿媳"优秀女性；带领157名妇联执委、200多名巾帼志愿者宣传家庭文明、垃圾分类、关心关爱空巢老人、留守儿童；倡导妇女带头，积极参与广场舞、太极剑、腰鼓等形式多样的文化团队，天天有活动、周周有培训、月月有会演、季季有赛事，倡导了文明新风尚，引领了乡村新潮流。

　　大力开展技能培训。妇联有计划、有重点、分层次、全方位地加强对妇女的教育工作，向农村留守妇女、精准扶贫对象、女手工艺人等开展菜单式、针对性培训；组织农村电商人才、民宿女主人、乡村旅游人才、农庄负责人、女企业家、妇联主席等人员进行创业交流，组织各项培训和交流120场次。

　　创新搭建工作平台。开慧镇累计投入5000余万元资金打造秀美小组50余个，镇妇联坚持依靠妇女、发动妇女、服务妇女、引导妇女的原则，从一户户"美丽庭院"做起，逐渐实现了"一个示范户带动一个组，一个组带动一个村，一个村带动一大片"的创建模式。

二、成果成效

在镇妇联的推动下，姐妹们创办了板仓国际露营基地，创立了"板仓人家"农产品品牌，设计开发"慧享游"互联网平台，近年年接待国内外游客超过100万人次，为村集体经济累计增收600多万元，吸纳农村剩余劳动力就业100多人。开慧镇妇联联合女红文化创客空间举办各类文化创意活动，聚集有意向在开慧镇创业的手艺人、原创设计师，帮扶展销产品、宣传品牌、开设工作室、开发设计特色旅游产品等，助推手工产业的发展。

案 例 点 评

开慧镇妇联深挖历史文化资源，传承优良传统，坚持培训先行、服务跟进，展示出在红色文化滋养下姐妹们蓬勃的创新创造之力和进取精神。

警予故乡掀起"清爽风"

怀化市溆浦县妇联

怀化市溆浦县是中国妇女运动先驱向警予的故乡。自2018年起,溆浦县妇联联合怀化市委组织部、市扶贫办在全市部署开展"巾帼心向党·清爽见行动"活动,引导广大妇女开展家庭环境卫生大扫除、大整治,示范带动全县广大农村妇女和家庭参与农村人居环境整治,共建共享"美丽家园"。

一、具体举措

以"点"带面联动,让"清爽"遍地开花。溆浦县妇联联合县委组织部、县扶贫办、县美丽乡村办制订《"清爽见行动·贤惠美家园"巾帼助脱贫实施方案》。开展"十百千万"创建活动,即在全县创建10个巾帼清爽示范村,选树100个清爽示范户典型,在100个村成立千人巾帼清爽志愿队,组织万名妇女参加清爽月活动。按照"定时间、定任务"原则,每个乡镇每半年要创建不少于一个示范村,每个村要选树不少于10个示范户。开展"星级示范户"和"巾帼示范村"等创建工作,通过评选星级示范户、"美丽庭院"、好媳妇、好婆婆等各类先进,选树了一大批示范典型,推动全县上下形成一种"村看村、户看户"的良好氛围。把桥江镇独石村作为全县示范点,试点开展了"四个一"活动,即"整一整"互帮、"瞧一瞧"互检、"比一比"互评、"晒一晒"互学,不断探索方法、总结经验、推广全县。

"四全工作法",将"清爽"推向高潮。"四全工作法"即全面结合、全员参与、全力宣传、全面探索。充分结合重大节日和重点工作,把党员活动日转化为"义务劳动日",把贫困户作为主战场;充分利用妇联媒体、主流媒体以及地方新媒体平台,对活动开展情况进行全方位的宣传;充分探索"清爽行动+N""一月一主题"、积分管理办法等做法,鼓励基层妇联立足实际,探索建立农村妇女主导家庭清洁卫生、参与村庄环境维护的长效机制。

"积分评比制"，让"清爽"后劲十足。县妇联制定《"清爽行动"年度活动计划》《乡镇妇联主席考核细则》《巾帼示范村申报流程》等规章制度，每月初制定"工作提示单"，对乡镇妇联工作采取积分管理，实行"一周一汇总、一月一公示、一季一排名，半年一总结，一年一奖惩"，奖优罚劣。指导基层妇联建立妇联执委联系贫困户、巾帼志愿者积分管理等制度，通过"积分换取礼品""将积分考评结果与妇联干部的评优评先挂钩"等方式，建立基层妇联组织成员的动态管理和激励表彰，极大地调动了基层妇联干部的积极性和主动性，在全县妇联系统形成了比、学、赶、超的良好氛围。

二、成果成效

自活动开展以来，已覆盖全县412个村（社区），实现了"月月有活动、周周有亮点、村村有精彩"，在全县形成了"万名巾帼参与志愿服务，千名妇女干部参与结对帮扶"的良好氛围。全县举办各种大型活动25次，组建以妇联执委和巾帼志愿者为主的清爽志愿队400余支，开展志愿服务2万余次，发放宣传手册4万余份，推送报道50多篇，制作了活动主题片和歌谣，带动万名巾帼志愿者广泛参与村庄清洁家园整治、巾帼护河行动、结对帮扶、法治宣传等活动。相关做法《中国妇女报》进行了推介报道。

案 例 点 评

溆浦县妇联把活动开展与党建带妇建、脱贫攻坚、美丽乡村建设、群团组织改革等工作充分结合，通过以活动来吸引、以宣传来鼓舞、以制度来保障，指导基层妇联团结带领广大妇女和家庭积极投身家园建设，活动成效显著，产生了良好的社会反响。

以家庭"小美"促乡村"大美"

株洲市妇联

按照全国妇联、湖南省妇联开展"美丽家园"建设工作安排部署,株洲市妇联以"最美庭院"创建为主抓手,以"居室美、厨厕美、庭院美、身心美"为标准,以"各级妇联组织牵头、广大基层执委带头、每家每户妇女参与"为模式,全市乡村2万余名妇联执委通过"包村到组、包片到户",示范带动全市广大农村妇女和家庭参与农村人居环境整治,共建共享"美丽家园"。

一、具体举措

高位推动、组织有力。 2019年1月,株洲市妇联制订出台《展巾帼风采·创最美庭院》行动实施方案,并作为重点考核项目纳入全市农村人居环境考核体系。各级妇联组织成立领导小组,召开动员会,分解目标,细化措施,按照"一季一考核,半年一小结,年终一总评"要求,结合本地特点进行指导、督查、考核,确保"最美庭院"创建行动有效推进。村居、乡镇街道、县市区、市级"最美庭院"逐级评选,逐级推荐,形成示范。

线上线下、全面覆盖。 各级妇联通过入户发放宣传折页、召开专题会议、开展知识抢答等多种形式进行宣传;利用微信公众号、"她代表"工作室等新媒体进行实时跟踪报道,组织巾帼志愿者帮扶贫困家庭、孤寡老人整理庭院、打扫卫生。2019年举办县市区级专题培训、业务调度会23次,入户走访、座谈交流、到基层进行指导等各类创建活动3000多次。悬挂大型宣传横幅2000多条,制作宣传栏1000多期,发放活动倡议书70多万份,组织23000多名妇联执委、40000多名巾帼志愿者、50多万名妇女群众、50多万户家庭参与。工作开展一年多以来,先后在《中国妇女报》、学习强国平台、《湖南日报》《今日女报》《株洲日报》《株洲晚报》等多家省市媒体报道。

率先垂范、示范带动。 各县市区妇联执委分片包干责任制层层落实,乡镇街道妇联执委负责包干到村，村妇联执委负责包干到组到户，层层落实到位，不留死角。充分发挥妇联执委带动效应和示范作用。全市乡村2万余名妇联执委组建"3+1"姐妹帮帮团、成立巾帼志愿队等各种形式，引领、带动、示范50多万个家庭积极参与。"招之即来，来之能战，战之能胜"成为许多基层党委政府给予妇联执委队伍的标签。

以"最美庭院"活动带动乡村经济。妇联组织将"最美庭院"开展的意义从庭院清洁提升到家庭文明层次上，部分县市区将创"最美庭院"作为参评"最美家庭"的前置条件，打通了"最美庭院"和"最美家庭"的制度通道，从家居美、环境美的要求到身心美、家风美的升华。如，炎陵县将创"最美庭院"与发展乡村旅游相结合，将"最美庭院"的创建融合到乡村民宿、农家乐等开展农旅经营活动的庭院中，在盘活庭院式经济的同时，最美资源得到了充分挖掘和展示。一个个别具一格的农旅庭院在"妇"字号农家乐和民宿女主人的打造下，成为农村一道亮丽风景。

二、成果成效

2019年，全市创建村级"最美庭院"194735户，占比33%，乡镇级"最美庭院"4607户，县级"最美庭院"1999户，市级"最美庭院"100户。

案 例 点 评

在最美庭院创建中，株洲市各级妇联锻炼了队伍，做好宣传、引领、垂范、评比等工作，妇联组织参与农村人居环境整治、"美丽家园"建设成绩斐然，相信妇联在推进基层社会治理、促进国家治理体系和治理能力现代化方面同样大有可为。

美丽家园创建开启"硬核美颜"模式

惠州市妇联

围绕全国妇联和广东省妇联的工作部署,惠州市妇联以美丽家园"小切口",推动美丽乡村建设品位、妇女精神文明素养和家庭文明程度的"大变化",助力惠州一流城市建设。

一、具体举措

政策联动,让创建工作"刚起来"。2018年,惠州市妇联联合市委农办出台《关于开展惠州市"美丽家园"创建活动实施方案》,围绕市委的工作部署,惠州市妇联制订了《"家慧美 惠幸福——美丽家园创建"方案》,以"家和院净人美"推进农户家庭和房前屋后"洁化、序化、美化、绿化"为抓手,按照家居环境美、文明风尚美、家庭和谐美、勤劳致富美的"四美"标准建设美丽家园。实施庭院环境"微改造"行动,推广"小花园""小菜园""小果园""巧手扮靓"等模式,探索"美丽经济"发展模式。实施文明家风培育行动,围绕重要时间节点,以选树各类先进家庭典型、打造家风家教实践基地、实施家庭教育大讲堂等为载体,开展家庭文明主题实践活动,做到"一月一重点、一季一点评、一年一展示",确保创建活动看得见、摸得着。

立体宣传,让妇女群众"动起来"。开展发放一封倡议书、张贴一幅宣传画、开展一场知识讲座、组建一支巾帼志愿服务队的"四个一"宣传活动,运用

"惠州女性"微信公众号、惠州妇女网、报纸、电视台、电台等开展系列报道，全方位多角度宣传创建工作，营造良好氛围。在创建过程中，村委、村妇联逐户上门宣传政策、讲解创建内容，面对面答疑解惑，或者微信、电话沟通意见建议，做到一竿子宣传到村到户。采用形式多样的主题活动，把创建"美丽家园"理念的触角延伸到每家每户。连续两年举办"国寿杯""晒美丽家园"随手拍大赛，筛选170余户晒美丽家园，吸引30万余人次参与活动。2020年3月，引领1.2万个家庭4.8万人参与"亲子共植 美化家园"宅家抗疫植绿护绿活动。

试点先行，让妇女群众"学起来"。实施"1+5+X"执委引领行动，通过1名村妇联执委带动5户美丽家园示范户，5户美丽家园示范户再带动若干（X）户家庭的方式，让妇女群众在看中学、在学中做。新冠肺炎疫情期间，800多户美丽家园示范户用扫把、抹布来"战斗"，齐心"宅家抗疫"。

评选表彰，让创建活动"火起来"。运用评比、上墙、奖励、党员示范带动、大手牵小手等形式多样的群众工作方法，吸引广大妇女及家庭自愿参加美丽家园创建。对于评出的109户"最美庭院"，统一组织入户悬挂"最美庭院"荣誉牌，并送上大米、米粉等物资予以奖励。

二、成果成效

活动的展开使广大妇女及家庭深深感受到美丽家园创建工作带来的人居环境变美、家庭更加和睦相处、街坊邻里更加守望相助，从而更加激发了他们参加美丽家园创建的自觉与激情，美丽家园创建工作从一开始的"妇联要我当美丽家园示范户"成功转到"我要争当美丽家园示范户"。

案 例 点 评

惠州市妇联积极争取党委政府政策支持，与各部门齐抓共管同发力，并通过试点、宣传、表彰等途径，让妇女群众积极主动参与，促成美丽家园创建工作走上规范化、机制化发展道路，工作常做常新，舒稳致远。

以 "四美" 行动打造生态宜居美丽家园

梅州市大埔县上山下村妇联

在广东省妇联和市妇联的指导下，梅州市大埔县上山下村结合自身实际情况，以发展传统种茶制茶产业为核心，以 "四美" 行动为抓手，扎实开展 "美丽家园" 建设工作，打造 "望得见山、看得见水、记得住乡愁" 的生态宜居美丽家园。

一、具体举措

让 "四美" 行动深入人心。上山下村妇联以 "四美" （净化美、整洁美、绿化美、家风美）为美丽家园创建主要内容，选树一批有创意、有特色的 "美丽家园" 示范户，以点带面，广泛宣传引导全村妇女和家庭从自己做起、从家庭做起、从点滴做起，以小家美带动大家美，实现 "家越美 粤幸福"。由村妇联主席任组长，妇联执委、妇女骨干为成员的 "美丽家园" 建设工作组，在全村妇女参加的动员会上，明确 "美丽家园" 建设工作目的、意义；在村主要道路和主干道两侧绘制 "美丽家园" 主题墙绘，利用村广播、微信群、宣传窗等载体进行广泛宣传，进村入户发放《建设 "美丽家园" 倡议书》，组织人员开展家庭环境集中整治行动，为全域推进 "美丽家园" 建设营造良好氛围。

志愿服务，巾帼先行。以村妇联为主导，成立以村民小组为单位的巾帼志愿小分队，服务于美丽家园建设工作。结合本村特色茶业，志愿者组织致富女能手以传帮带的形式，举办茶叶种植、制茶工艺公益培训班，带动妇女发展绿色产

业、共同致富。志愿者以 "四美" 为标准，组织村民大力开展 "垃圾不落地，家园更美丽" "携手同心，共建美丽家园" 等服务活动，提升村庄洁美环境。志愿者大力宣传婚姻法、反家庭暴力法、未成年人保护法等法律法规以及禁毒、环保等知识，开展 "邻里守望，姐妹

相助"、婚姻家庭纠纷矛盾调解等志愿服务活动，打造平安村居；以"家风美"为抓手，做好"家"字文章，通过家风家训上墙展示和"最美家庭""孝老敬亲好媳妇""妇女致富带头人"评选活动，大力弘扬社会主义核心价值观，助推乡风文明。

督促检查，耐心指导。村工作组每月组织志愿服务队人员分片包干，上门入户发放倡议书等宣传材料，面对面、一对一指导村民，不定期开展巡查，及时发放整改通知书，确保每家每户做好房前屋后干净整洁、美化绿化。

考评奖励，形成机制。每月月底由村工作组对照《美丽家园创建评分表》对各家各户"美丽家园"建设开展情况进行现场打分评比，对评选出的"美丽家园"示范户，授予"流动红旗"并上墙悬挂，增强村民的荣誉感和责任感。

二、成果成效

2020年，上山下村被梅州市妇联命名为"美丽家园"示范村，表彰"美丽家园"示范户100户，评选最美家庭10户、女致富能手5名、孝老敬亲好媳妇5名。在"美丽家园"建设中，一是实现了全村环境卫生净化美。实施农村生活污水治理工程，改水改厕100户，新建公共厕所3座，改善村庄生活、生产污水随意排放污染环境的现象。二是实现了摆放有序整洁美。三是实现了种树栽花绿化美。四是实现了民风淳朴家风美。全村家风家训上墙率100%。

上山下村发挥村级妇联组织主导和引领作用，注重激发妇女群众的主动性、自觉性、参与性，形成人人动手、家家行动、户户美丽的良好局面。

创美庭院让乡村更美丽

珠海市斗门区妇联

围绕实施乡村振兴战略，珠海市斗门区妇联以"创美庭院"为切入点，团结带领广大妇女积极投身"美丽庭院"、美丽乡村建设，助力人居环境整治。

一、具体举措

"创美庭院"打造品牌美。区、镇、村三级妇联齐抓，先后出台《斗门区妇联全面推进"乡村振兴巾帼行动"实施方案》《斗门区"美丽庭院"项目实施方案》等，明确以环境卫生清洁美、摆放有序整齐美、庭院设计布局美、种树栽花绿化美、文明和谐家风美、常态保持长效美作为"美丽家园"创建标准和一系列标准化程序；筹集创美庭院专项资金150万元，举办创美庭院大赛，培育打造具有妇联特色的创美庭院建设示范村特色品牌。

"美丽庭院+特色庭院"，打造庭院美。结合广东省寻找乡村最美家庭示范村和珠海市乡村振兴示范村活动，选取5个条件成熟的村作为创美庭院示范村，引入高校大学生志愿者和专业团队，指导村民结合当地特色和家庭需求，通过举办创美庭院大赛，以"创、比、赛、评"活动形式，打造一批"家家庭院美、户户有特色"的具有斗门岭南特色的美丽庭院，为斗门区提供可复制可推广的创美庭院示范村、示范片。

"创美庭院+文明家风"，打造和谐美。通过举办"家越美 粤幸福"——寻找乡村最美家庭活动、南粤家家幸福安康工程——斗门区"传家规·立家训·扬家风"家庭文明实践活动等，引导广大农村妇女建设好家庭、传承好家教、弘扬好家风，让好家风好家训遍地开花，以良好家风促进文明村风。

"创美庭院+志愿服务"，打造人文美。以"创美庭院"示范户为基础，培育了5支60人的"创美庭院"巾帼志愿队，定期开展创美庭院日常督导管理和巾帼志愿活动，带领农村妇女开展清洁卫生我先行、绿色生活我主导、垃圾分类等农村人居环境整治活动，积极参与帮困互助、家风家教等志愿服务。

"创美庭院＋文旅产业"，打造经济美。充分利用珠海毗邻港澳的地理环境，大力发展庭院经济。如虾山村打造"一家一品"美食庭院，已成功举办五届"虾山美食节"；南澳村的"水上婚嫁"被评为国家级非物质文化遗产；上洲村举办花海节……"庭院经济"与"文化乡愁"有机结合，促进妇女居家创业就业，弘扬传统文化，实现社会和经济效益双赢。

"创美庭院＋评比考核"，打造长效美。斗门区委、区政府把"美丽庭院"建设列入评选范围，建立激励考核机制，对评为三星以上的家庭每户奖励1000元，自实施以来，共评选三星家庭442户、四星家庭61户、五星家庭53户，促进创美庭院建设常态化、规范化。

二、成果成效

"创美庭院"的深入推进，充分激发了妇女的主人翁意识，推动"家家庭院美、户户有特色"的"美丽庭院"纷纷涌现，形成了具有斗门特色的"妇女倡导家庭爱美、小家带动大家创美、文化引领庭院更美、家庭与村庄变美"的美丽乡村建设氛围。

案 例 点 评

"美丽庭院"建设不仅仅是打造"美丽庭院"，更重要的是做好人的工作，增强妇女的积极性、主动性、创造性，才能不断地丰富"美丽"、拓展"美丽"、升华"美丽"。

靓家先行　引领健康新生活

钦州市灵山县妇联

围绕"美丽家园"建设，钦州市灵山县妇联积极推动"清洁乡村　巾帼靓家"行动，鼓励妇女和家庭养成"门前净、家整洁、人清爽"的健康生活方式。

一、具体举措

试点先行，以点带面。灵山县妇联以旺屋村为试点，采取"以点带面"的方式，每个镇（街道）创建一个示范村、每个村创建一定数量示范户，通过培育典型、选树典型、学习典型、争做典型，发挥典型的辐射带动效果。2018年10月，在全县各镇（街道）选出脱贫攻坚成效好、群众活跃度高、乡村风貌好的村作为示范点，开展"巾帼心向党　靓家见行动"活动；评选出一批具有标杆作用的"巾帼靓家"示范户、"最美家庭""环保家庭"等。

组建队伍，示范引领。灵山县妇联以"妇女之家"为阵地，引导各镇（街道）、村（社区）妇联选择热心公益、有奉献精神的妇女群众，组成环保妈妈志愿服务队，不定期对村（社区）文体活动中心、池塘水沟、道路两侧等公共场所进行清洁，通过环保妈妈志愿服务队带头整洁环境、美化家园，让群众看得见的人居环境日益变好，向全社会传递正能量。灵山县妇联将全县"桂姐姐"宣讲

队、女子联防队等110多支志愿服务队伍，纳入环保妈妈志愿服务队伍中，各支队伍发挥自身队伍优势，向妇女群众宣讲典型、带头示范，让妇女群众有榜样可学，养成良好的卫生习惯。

*创建平台，打造载体。*2019年11月，灵山县佛子镇元眼村成立广西首个"巾帼靓家"家庭银行，村民可以通过定期开展的"最美家庭"评比和清洁庭院评比，参与村集体事务、义务劳动、公益事业和扶贫政策落实配合等获得储蓄积分，再凭储蓄卡到家庭银行兑换日常用品。通过物质激励，形成人人参与脱贫攻坚、家家不甘落后、户户争做最美、弘扬文明新风、净化美化环境、共助脱贫攻坚的良好风尚。

*开展活动，形成效应。*自打响新冠肺炎疫情阻击战，灵山县110多支环保妈妈志愿服务队伍积极响应号召，在外积极参与公共场所病毒消杀、环境整洁等行动；在家引导家人勤洗手、戴口罩，养成良好个人卫生习惯，在2020年"三八"节前后，参与"巾帼靓家助抗'疫' 环保妈妈齐行动"志愿服务活动，开展街道清洁、打扫庭院、居室整理等行动，为美丽灵山建设、疫情防控贡献了"半边天"的力量。

二、成果成效

灵山县妇联已在全县铺开"清洁乡村 巾帼靓家"行动，同时也带动了环保妈妈志愿活动的不断深入，有力推动了农村妇女姐妹积极参与村屯环境整治的热情，用实际行动彰显了"半边天"的作用。

案 例 点 评

灵山县妇联以"清洁乡村 巾帼靓家"行动为抓手，积极参与"环保妈妈志愿服务"，发动妇女，带动身边群众移风易俗、转变观念，强化生态环境保护意识，改善人居环境，是积极有效的工作创新。

发挥巾帼优势　共建美丽瑶乡

桂林市恭城瑶族自治县妇联

坐落于青山绿水间的恭城县，像爱护眼睛一样爱护生态。一直以来，恭城瑶族自治县妇联紧扣自身工作职责，团结、动员广大妇女群众投身于"美丽恭城、健康恭城、文化恭城、富裕恭城"建设，在"美丽家园"建设过程中作出了积极贡献。

一、具体举措

以沼气为切入点，建设美丽宜居家园。恭城属山区县，以往群众生活燃料多以柴草为主。恭城瑶族自治县妇联提出通过妇女推广沼气的"金点子"，发挥妇联组织分布面广、亲和力强等优势，配合能源等部门开展政策宣传、项目考察、实地参观等活动，让农村妇女首先接受这种生态环保的新能源，带动家人建沼气池。在广大妇女的支持配合下，全县沼气入户率达89.6%。妇联依托星级"妇女之家"创建工作，组织妇女开展环境保护、卫生保健等活动。全县117个行政村855个自然村屯全部制定完善环境卫生管理制度，村村组建"大嫂子"巾帼志愿清洁卫生服务队，加强村屯绿化美化，在房前屋后发展微菜园、微果园、微花园以及绿廊、绿篱等，村庄整体功能得到提升。

助推"二次创业"，建设富裕生态家园。为满足妇女在创业就业上"富起来"的迫切需要，县妇联助推妇女"二次创业"。联合人社、财政、金融部门，集合县、乡、村三级妇联组织力量，推进城乡妇女创业就业小额担保贴息贷款和贫困妇女扶贫小额贴息贷款，从2010年至今放贷额达1亿多元，扶持6400多名下岗妇女、返乡创业女大学生、农村贫困妇女等重点群体实现自主创业和再就业，辐射带动5000多名妇女创业。利用党员电教、"农家女课堂"等培训资源，联合农业、畜牧等部门聘请农技专家为"巾帼科技辅导员"，着力培养有文化、懂技术、会经营、善管理的新型女农民。

推动文化发展，建好和谐幸福家园。妇联牵头推进"优秀传统文化进家庭"

工作，助力全县实施传承中华优秀传统文化传承发展工程，组织妇女发挥骨干带动作用，县传统文化义工团中，妇女占66%，传统文化讲师团中女性占42%。开展"三心三治一守"活动，"三心"即忠孝心、敬畏心、互助心；"三治"即自治、法治、德治；"一守"即守规矩。结合寻找"最美家庭"等系列活动，融入了挖掘村史文化，寻找好家风好家训，将传统美德纳入村规民约等内容，选树孝老爱亲先进典型，表彰"好媳妇""好婆婆"等，用身边人、身边事教育引导村民见贤思齐、知行合一，激发人们敬畏法律、崇德向善，不断增强群众的忠孝心、敬畏心和互助心，实现恭城瑶乡共建共治共享的美好愿景。

二、成果成效

在恭城瑶族自治县妇联的积极努力下，一批环境卫生整洁、乡土风情浓郁的美丽村屯珍珠般撒在瑶乡大地。

恭城瑶族自治县妇联主动作为，多点发力，全面助推美丽瑶乡建设，为欠发达地区改善农村人居环境提供了有益经验。

抓好"创、比、晒",助推美丽家园建设

三亚市妇联

自2017年以来,三亚市市、区、村三级妇联以"社会文明大行动""乡村振兴巾帼行动"为主阵地,带领海棠、吉阳、天涯、崖州等4个行政区、57个居委会、92个村委会、491个自然村,以形式多样的活动为载体,团结广大妇女积极参与农村人居环境整治,助力推进"美丽家园"建设。

一、具体举措

强抓"创",以"创"促美丽建设。发出《创建"美丽庭院" 共享美好生活》《凝聚巾帼力量 助力乡村振兴》倡议书,号召广大妇女创建"居室美""庭院美""厨厕美""村庄美""家风美"的"五美"美丽庭院。广泛组织家庭参与"最美家庭""绿色家庭""美丽庭院""十星级文明卫生户"创建与评比,逐级评报,成为"文明家庭""五好家庭"的"蓄水池"。将创建活动与社会文明大行动、禁塑、植树、垃圾分类等活动相结合,举办"美丽庭院"讲座和"家庭内务整理"网课,结合三亚气候和环境特性,指导广大家庭成员如何高效清洁家园、绿化庭院、厨余堆肥、种养花卉、院落规划。

强抓"比",以"比"树榜样力量。三亚市妇联先后通过召开推进"美丽庭院""绿色家庭"创建工作现场会、"绿色家庭"创评现场会的形式,开展观摩交流活动,互相学习彼此的创建成效和经验,形成了以强带弱、双向互动,深入引导村级妇联组织自主开展丰富多彩的创建评比活动。市妇联重视组织贫困户家庭参与"美丽庭院"建设,在扶贫定点帮扶村——马脚村志马组组织实施卫生评比活动,建立村小组环境卫生整治考评标准和制度,培树贫困户卫生标兵户、卫生达标户并给予奖励,帮助贫困户家庭树立爱护环境、清洁美化家园意识,激发贫困户家庭的脱贫内生动力。

强抓"晒",以"晒"扬社会新风。一是开展"培育好家风、传承好家训"主题系列活动。立足家庭和社区,开展"书香飘万家"亲子阅读、百场"扬家风 传美德"家庭教育(专家)讲座、公益亲子课堂、"给妈妈写一封信""关

爱留守、流动儿童社区服务"等活动，让家长和孩子们抒发爱国爱家情怀，学习环保、禁毒、防护等知识和文明礼仪，学习科学家庭观；二是利用新媒体平台弘扬家庭美德。在三亚妇联网站和微信公众号设立最美家庭活动专题和专栏，亮出"最美家庭"家训、故事、照片等，开展最美家庭网络点赞活动。通过"三亚妇女网""三亚妇联"微信公众号和最美家庭专题网站等开展最美家庭候选家庭先进事迹展示、网上家风交流展示、名人家训、中华传统家庭美德

故事等活动。组织广大家庭参与"我家最美一瞬间"短视频征集活动，以"晒家庭幸福生活，讲家庭和谐故事，展家庭文明风采，秀家庭未来梦想"为主题，组织家庭参与拍摄"我家最美一瞬间"短视频和2019年全国最美家庭家风故事视频活动，引导广大妇女和家庭传承家庭美德、弘扬良好家风，投身美丽家园建设。

二、成果成效

2017年以来，市妇联共申报并获评全国、省级"最美家庭""文明家庭"46户，揭晓市级"三亚最美家庭"111户、提名奖125户。2018～2019年，区、村级妇联通过创建评选并挂牌"最美家庭""绿色家庭""美丽庭院""十星级文明卫生户"等963户。"好家风好家训"展示活动，共收到点赞604117人次，近2000人次晒出好家风好家训。

三亚市妇联从"创、比、晒"三个方面入手，组织广大妇女群众和家庭结合实际，广泛开展各类创建和主题活动，培树了一批"美丽家园"建设模范家庭，发挥引领示范作用，扎实推进了美丽家园建设活动的开展。

凝聚巾帼力量　共建"美丽家园"

儋州市东成镇妇联

围绕省市妇联关于开展"美丽家园"建设的工作部署，东成镇妇联发动和号召广大农村妇女和家庭参与人居环境整治工作，切实发挥妇女"半边天"的作用。

一、具体举措

动员承诺促共识。东成镇妇联把"美丽家园"创建工作纳入镇妇联的重点工作，深入开展三大行动，即"美丽家园·巾帼共护"宣传劝导行动、"清河治水·巾帼同行"志愿者行动、"美丽庭院·巾帼同创"洁美家园行动。

宣传教育促共建。镇妇联通过各种方式开展宣传教育活动，与创建村共签订责任状（承诺书）2895户，向家庭征集创建"美丽家园"金点子，共收到金点子70余条。积极开展宣传活动，共发放宣传品（伞、围裙、杯子）共7000余件。

示范带动促落实。镇妇联在每个村树立10户以上的巾帼创建"美丽庭院"示范区，通过实地查看、上门检查指导，按照宣传到位、标准到位、检查到位的"三到位"原则，强化庭院"洁、序、美"意识，引导她们落

实门前三包制度，指导她们及时清理庭院里"脏、乱、差"的点位。

创新载体促提升。在"三八"节，镇妇联组织女干部职工、巾帼志愿者和各村妇联主席到东成镇高速路两侧及人居环境重点村庄开展环境整治、捡拾白色垃圾；在端午节，开展"浓情端午·美丽家园"巾帼志愿活动，走进个体商铺发放《共创美丽街景　共享幸福家园》的"美丽集镇"创建倡议书，并送上精致的端午香囊，劝导沿街商铺做好门前清洁卫生、不占道经营。联合镇中心小学开展"孝德少年扮靓'美丽庭院'"活动，通过孝德少年的努力，带动家人、朋友、邻居一起参与到"美丽庭院"的建设中，开展包括实践活动日记评比、"美丽庭院"摄影展、"美丽庭院"自评、扮靓"美丽庭院"小标兵评选等系列活动，以此来营造全民共建"美丽家园"的良好氛围。

二、成果成效

通过"美丽家园"建设，激发广大群众积极参与到人居环境治理中来，形成了人人争当环境卫生宣传员、战斗员、监督员的大格局，东成镇农村整体村容村貌得到了明显改善。

案 例 点 评

东成镇妇联通过示范带动、创新载体、评比表彰开展有巾帼特色的共建"美丽家园"活动，提高广大妇女群众清洁家园意识，激发了广大妇女积极投身农村人居环境改造，以小见大，可借可鉴。

着眼"四美" 共建家园

铜梁区妇联

积极参与整治农村人居环境，是各级妇联助力脱贫攻坚和乡村振兴的重要切入点，围绕工作的推进，铜梁区妇联联合相关部门，以树立美理念、打造美庭院、长效美环境、扮靓美生活为抓手，开展"美丽家园龙乡巾帼行动"，带领广大妇女打造原乡风情，大美乡村。

一、具体举措

*三级联动培训，引领树立美理念。*铜梁区妇联联合区健康教育所、区畜牧中心、区农委、区城管局等单位共同开设"巾帼大讲堂"，动员乡镇妇联重点设置以乡村环境卫生与健康、农村妇女卫生习惯养成、苗木种植与管理等为主要内容的课程，开展线上线下培训。镇妇联组织村妇联执委、先进妇女典型，开展收纳管理、改厨改厕、庭院打造等实用技能培训。

*三方资源整合，因户制宜美庭院。*结合"最美庭院"评比及"植绿护绿"活动，区妇联走村入户，征集村民需求，联合区城管局、区林业局、区农委共同为有需求的妇女家庭因地制宜、因户制宜制订农村庭院建设方案。区城管局免费提供花草，区林业局免费提供苗木，区农委技术人员现场讲授种植技术。对于房屋比较现代的家庭，重点栽植鲜艳花卉，打造连廊相间、层次感强的庭院；对于房屋古朴的家庭，重点栽植常绿苗木，打造绿树成荫、水塘环绕的庭院，助力建设花团锦簇、山清水秀的家园。

*三项制度激励，常态长效美环境。*建立人居环境积分、清洁文明户评比、流动红旗挂牌等三项制度。为每个妇女家庭发放积分存折，按照清洁卫生、绿化美化、物品摆放整齐三个标准制定积分表，由村妇联主席、村民小组长及村民妇女代表组成评委小组，每周对每家每户房屋内部及庭院的清洁、美化、整洁程度进行检查，按照积分表内容打分填写积分存折，每月开展存折积分物品兑换。每月

进行清洁文明户评比，获评清洁文明户的农户不但实行流动红旗挂牌进行表彰，还将增加积分，可叠加换取更多物品，并推荐参与全区最美庭院评比。

三支队伍助力，扮靓绿色美生活。组织村妇女自愿成立绿化养护巾帼志愿分队、环境保护志愿分队、秩序维护巾帼志愿分队等巾帼志愿队伍。绿化养护巾帼志愿分队妇女主动认领一块公共绿地，对认领地段的花草履行看管职责。环境保护巾帼志愿分队妇女对村庄的环境整治实行网格管理，每名妇女负责一个网格的环境卫生，对于孤残、贫困的家庭，实行结对帮扶，定期到特殊人员家中开展清洁卫生大扫除。秩序维护巾帼志愿分队定期开展文明劝导、景区秩序维护等志愿服务活动，宣传动员村民积极参与农村人居环境整治和美丽乡村维护，共建共享美好新生活。

二、成果成效

通过美理念、美庭院、美环境、美生活的"美丽乡村"建设，村民居住的环境从过去的脏乱差、闭塞落后到如今的人在绿中、房在景中，四季鲜花盛开，大小湖堰碧波荡漾，村民收入倍增，古色古香的新居如墅，乡村里游客如织。

案 例 点 评

坚持党的领导，充分发挥妇联的"联"字作用，以宣传活动为抓手，以示范典型为引领，引导和激发群众主动参与的意识与积极性，工作务实高效，最终让全体村民成为幸福生活的推动者、建设者和受益者。

"巴山巧媳妇"共建美家园

城口县妇联

为助力中央脱贫攻坚工作，城口县妇联以"巴山巧媳妇"为突破口，激发农村妇女参加"美丽家园"建设的积极性，人居环境"脏、乱、差"的现象得到根本扭转，"清、新、美"的新农村新面貌初步形成。

一、具体举措

*着眼铸魂，开展思想行动。*城口县妇联组织"巾帼乡村大讲堂"，组建"巴山巧媳妇"志愿服务队，以小品、三句半、快板说唱等多种形式，深入学习宣传习近平生态文明思想、人居环境整治系列惠民政策、新农村新面貌等美好愿景。开展"讲政策、说变化、谈奋进"，讲明农村家庭水、电、路、房、环境发生的巨大变化，让妇女群众铭记党恩、感恩党情，听党话、跟党走。通过"大巴山女性"微信公众号，展播巾帼脱贫、带贫、扶贫先进典型和环境整治典型故事。

*着眼增智，开展授技行动。*县妇联重点围绕庭院设计、公共绿化、环境美化等主题，聘请专业人士、本土人才，定期开展交流会、培训会，强化妇女群众环保、健康、绿色的思想意识，引导妇女群众积极参加农村环境卫生整治。以"美丽家园"建设为主题，组织党员干部、乡贤榜样、妇联执委等"巴山巧媳妇"，开设"巧媳妇理家讲堂"，利用夜间农闲，把妇女群众组织起来，深入学习讲解居家收纳技能、庭院美化技能、公共环境卫生维护技能等，把庭院设计、绿化、

美化等技能培训搬到庭院，开展"一对一、手把手、面对面"的现场教学。

*着眼立范，开展榜样行动。*县妇联按照"广评、广宣、广学"思路，充分发挥榜样的示范引领作用。一是广评榜样。以环境综合整治成效为重要参考，采取群众推选、村社筛选、乡镇评选、县级遴选等方式，逐级开展"最美家庭""巴山巧媳妇""整洁庭院""美丽农

家""美丽庭院""绿色家庭标兵户""环保模范家庭"等创评活动,做到"村村有典型、层层有榜样"。二是广宣榜样。全方位、立体化、多形式宣传环境综合整治中涌现出的榜样典型。三是广学榜样。组建"巴山巧媳妇宣讲团",开展"环保模范典型在身边""美丽庭院展示会"。

着眼破旧,开展新风行动。县妇联大力培育文明乡风、良好家风。围绕"勤劳、节俭、绿色、环保"主题,以"五干净六整齐"为标准,开展"最美家庭""美丽庭院"评选表彰活动。突出规约教化、道德感化,依托县内媒体资源和乡镇微信公众号集群,开设"榜样红墙""曝光台"等,宣扬典型、曝光问题。成立村级"巴山巧媳妇"志愿服务队,采取"1+10+X"模式,即"1名村级妇联主席带10名妇联执委,1名执委带3～5名环境卫生后进家庭"方式,攻克薄弱户,将志愿服务活动与"新时代文明实践积分超市"有机结合。

二、成果成效

城口县已成立"巴山巧媳妇互动组"301个、成员15220人,"巴山巧媳妇文明实践队"187支、成员2085人,开展环境卫生综合整治2.5万次,"巾帼护河"1.8万场次,"巾帼植绿"2万次。"美丽家园"示范村达30%,示范户达60%,"清新美"的乡村逐步形成。

案 例 点 评

推进"美丽家园"建设,必须坚持思想先导、智志同扶、选树典型、激发基层妇女群众内生动力,提高妇女群众参与建设的主观能动性。

以"农妇管家"行动推进美丽家园建设

巴南区妇联

为团结引领广大妇女群众和家庭积极投身农村人居环境整治,巴南区妇联结合实际,探索开展"农妇管家"行动,全力推动家园建设,助力乡村振兴。

一、具体举措

开展"绿色家园我助力"活动。依托妇女之家、妇女学校、巾帼大讲堂等阵地,围绕"三清一改"、卫生习惯等内容,组织妇女工作者、妇联执委、巾帼志愿者等开展"净化绿化美化家园"宣讲活动50余场次,激发妇女群众美化居室、绿化庭院的自觉性。在市区两级贫困村开展社区保洁员专项职业能力培训,300余名贫困妇女既获社区保洁职业资格证,又助其提升净化绿化美化家园能力。充分发挥区、镇(街道)、村(社区)妇联执委的作用,引领广大农村妇女及家庭发扬互助精神,结对帮助贫困、残疾、孤寡等特殊家庭打扫卫生、整理杂物。

开展"绿色行动我参与"活动。举办农村人居环境综合整治巾帼总动员暨绿植栽种技能竞赛、"清洁卫生健康宅，美家美妇晒我家"活动，引领全区姐妹积极参与农村人居环境综合整治，当好建设美丽乡村的"宣传员、保洁员、监督员"。以"巾帼护河·共建生态家园"为主题，命名105名巾帼河长，组建清漂、植树造林、水土保持等生态环保巾帼志愿者队伍22支，组建成立全市首支"女子无人机巡河队"，常态化开展护河、治河、美河等活动。利用"植树节"，开展"净化美环境　共建美家园　巾帼在行动"系列活动，在端午、春节等重大节日期间，组织近500余名机关干部、妇联执委、巾帼志愿者等，参与农村大扫除、大清洁、大整治等活动50余场次。全区1200余妇女群众栽种水杉、桂花、天竺桂等乔灌木13800株，添绿80余亩；开展巾帼护河23场次，护河50000余米。

二、成果成效

2019年，全区共有"最美庭院""最美阳台"93户，命名巴南十大"绿色·惜福家庭""乡村生态文明家庭"，通过事迹展示、分享交流、媒体宣传，带动农村家庭更加懂绿、更愿创绿、更会护绿，营造绿色家庭家家创的良好氛围。

——————————  ——————————

巴南区妇联开展的"乡村振兴·农妇管家"行动，充分发挥了农村妇女在美丽家园建设中的独特作用，农妇"管家"，管出了乡村新风尚！

共创"美丽庭院" 构建"四美"家园

泸州市妇联

聚焦实施乡村振兴战略，泸州市妇联坚持"思想引领、上下联动、因地制宜、示范先行"原则，积极推进"美丽庭院"创建，探索构建"美人、美家、美村、美业"的"四美"家园，共建共享生态宜居新农家。

一、具体举措

*凝聚强大合力推动创建工作。*成立以泸州市妇联、市农业农村局主要负责同志为组长的"美丽庭院"创建活动领导小组，自2019年，每年争取专项资金100万元，作为"美丽庭院"创建活动奖补经费，对"美化庭院巾帼能手"每人给予400元、"美丽庭院"每户给予1000元的一次性奖励。组织召开"泸州市乡村振兴巾帼行动"现场推进会，市农业农村局相关负责同志出席，具体指导"美丽庭院"创建工作。

*全媒体宣讲。*开展卫生清洁、绿色生态、低碳环保知识等宣传培训活动1200余场次。发放倡议书、环保袋、围裙等宣传品万余件，在农户庭院、公共绿地设立宣传标识近万个。在"川江号""看见泸州"等媒体集中宣传活动情况；依托市妇联新媒体矩阵，开设活动专栏，开通泸州市"十佳百优美丽庭院"投票通道，参与人次达16000人。在泸州电大开设"美丽庭院 你我共建"系列课程，线上线下培训人数近万人。创作快板《洪安桥村大变化》、民谣《"美丽庭院"人人夸》、视频故事《我与妈妈》等文艺作品，生动活泼展示创建工作。

*坚持群众主体，志愿服务引领。*城乡结对、岗村结对、互助结对"三结对"，定期组织市级机关巾帼志愿服务大队、巾帼文明岗、农村巾帼互助队到结对村、户开展庭院美化、环境整治、文明宣传等志愿服务活动，引导和带动当地群众，使其成为美丽家园的主力。妇联建立"美丽庭院创建基层民主评议"机

制，由村级妇联邀请村民代表、基层干部开展评议活动。推广积分兑奖制，实行积分实物兑换和积分评先评优制。

"点线结合、连线成片"。把"美丽庭院"创建工作与美丽新村建设相结合，依托"伞里文化""川南农耕文化""村庄文化"等文化因子，率先在江阳区董允坝村、泸县洪安桥村、龙马潭区走马村打造一批"美丽庭院"样板。各区县妇联召开工作推进会、调度会等20余场，把创建活动覆盖到乡镇、延伸到村、辐射到户。

突出因地制宜，立足绿色发展。立足各地优质生态资源，形成"两区+两园+七品"产业格局，即"巾帼脱贫"核心示范区、"妇女手工产业"核心发展区，巾帼创新创业孵化园、女大学生创业孵化园，"江阳油纸伞""龙马潭巧手姐妹家""纳溪蝴蝶画""泸县龙眼""合江竹编""叙永扎染""古蔺苗绣"。结合"美丽庭院"创建工作，鼓励农村妇女打造具有家庭特色的农旅项目，打造新兴苗寨花海、十里渔湾、果田花香等"妇"字号农旅基地35个。

二、成果成效

引导全市1万余户家庭参与创建活动，380户庭院、1881名个人成功创建市级"美丽庭院""美化庭院巾帼能手"，打造市级"美丽庭院示范区域"7个，县级"美丽庭院示范区域"21个，全市中心村、特色村实现创建全覆盖。

案 例 点 评

泸州市妇联充分发挥妇联组织密切联系妇女群众的优势，广泛培育"美化庭院巾帼能手""美丽庭院""美丽庭院示范区域"，让庭院的外在改变转为农村家庭成员内涵素质的提升，全面营造"人人动手、家家参与"、以"美丽庭院"推进美丽乡村的良好氛围。

革陋　扬新　创美

广安市妇联

围绕实施"乡村振兴巾帼行动"，广安市妇联部署"乡村振兴巾帼行动"美丽家园建设工作，全面开展农村妇女"革陋、扬新、创美"行动。

一、具体举措

统筹推动，宣讲宣传。2019年，广安市先后组织市县两级妇联干部到浙江湖州、南浔、重庆等地，学习乡村振兴巾帼行动先进经验，开拓工作思路。把乡村振兴巾帼行动纳入巾帼大宣讲内容，加大宣传力度，先后开展"巾帼大宣讲"进乡村5000余场（次），制作《快板——广安巾帼展风采》《快板——广安明天更美好》等宣传作品。

革除陋习，培育新风。大力倡导垃圾分类新风尚，多地开展各类垃圾分类知识宣讲、竞答以及游戏互动，发放垃圾分类宣传折页，引导基层妇女和儿童从家开始做好垃圾分类处理。近5万名基层妇女自发组建巾帼互助队，常态化开展广场舞、坝坝舞等娱乐健身活动，扩大妇女群众的精神文化生活半径，陶冶妇女群众的情操，带动基层妇女逐步养成"乡村歌舞有乐趣，麻将桌上不想去""邻里

守望·姐妹互助"的良好习惯,从内心深处散发出"美"的芬芳。

全民参与,共建美丽家园。以"乡村振兴·美在农家"为主题,妇联干部送花籽进村入户,帮助农村姐妹扮靓院落。制定"美丽庭院""四比四看"标准,开展"美丽庭院"创建活动,即比环境卫生,看清洁美;比物品归纳,看整洁美;比庭院绿化,看风貌美;比家风家教,看素养美;共建干净、有序、绿色、协调的居家院落。抗击新冠肺炎疫情期间,发起"战疫情,美丽庭院'晒'起来"主题活动,吸引200余户家庭积极参与,居家抗疫、"美丽庭院"随手拍风靡网上。

二、成果成效

组建村级巾帼清洁志愿队、庭院环境监督队300余支,开展创建绿色家庭和绿色出行等行动1000余场次,产生绿色家庭、"美丽庭院"500余个,将简约适度、绿色低碳的生活方式落到实处。

案 例 点 评

广安市妇联在"美丽家园"建设中,积极探索"革陋""扬新""创美"活动形式,激发妇女活力和潜能,展示出巾帼新力量、彰显巾帼新风采,助力广安绿色经济发展。

"洁美"活动让古老彝村展新颜

凉山彝族自治州昭觉县妇联

为全面贯彻落实习近平总书记关于妇联工作重要指示及全国妇联领导调研提出的要求，四川省妇联专为凉山打造了为期两年的"树新风助脱贫"巾帼行动计划，一批彝家美丽村庄惊艳亮相，尤其是昭觉县特布洛乡的谷莫村，这个古老的彝族村庄，因庭院美丽建设脱贫成功，并获"中国最美村镇精准扶贫典范奖"。

一、具体举措

建队伍，夯基础，确保行动有支撑。谷莫村共有151户601人，其中女性289人。村妇联有11名执委。昭党县妇联统筹并通过发挥执委骨干作用，在村上建立了妇女之家、妇女禁毒之家、妇女互助队、健康文明引导队、文化体育服务队。全村148名妇女加入三支队伍，进而夯实基层，使村妇联工作有平台、有人手、有章法。

抓"洁美"，树"新风"，确保行动有方向。谷莫村结合产业发展和群众脱贫的实际需要，着力打造产村相融、农旅融合的新型村庄。"洁美家庭"创建和"美丽庭院"建设在彝乡是势在必行的。县妇联充分调动基层妇联干部，妇联执

委等巾帼力量，督促妇女群众从自己做起，从自家做起，互帮互助，互督互促，坚决改变陋习，倡导文明新风。

建机制，强培训，确保行动有章可循。"洁美家庭"创建行动由县妇联牵头，乡村妇联主席，即村第一书记、村帮扶工作队队长具体负责，按照昭觉实际制定了昭觉县"洁美家庭创建须知"（即"两放"、"四齐"、"四美"、"六洁"）。建立村10天一评，乡一月一评，县半年一评的评比制度，选树榜样，引领新风。县妇联一年内开展培训140余场，各乡各村开展培训1784场次，重点对个人卫生、家庭卫生、房前屋后清理、微田园建设、日常的开窗通风晾晒衣被等进行持续化常态化的培训。

建超市，助管理，确保行动落地见效。在省、州妇联和县委县政府的工作指导及资金支持下，县妇联在全县46个乡、263个村全覆盖地建立"里鲁博"巾帼超市。在全县各村支部活动室建超市，超市的管理人员由村妇联执委、村第一书记帮扶工作队队员构成。货品来源为省妇联巾帼行动的创建资金招标购买的货品，以及帮扶单位、帮扶干部、社会各界捐赠的各类爱心物资，统一集中在超市运营。针对洁美家庭户、带头致富户、禁毒防艾先进户、控辍保学先进户、优生优育户、热心公益服务户等进行评比并积分，发放积分卡到巾帼超市中兑换相应物资，从而起到奖励先进、激励后进的作用。

二、成果成效

"洁美家庭"的创建过程中，共开展大小培训上千场，惠及57986户家庭，洁美家庭创建率达80%以上。个人卫生习惯、家居环境、村容村貌都有较大改善；彝族传统的陋习有所改观；群众的精神面貌向好转变；贫困妇女、贫困家庭追求美好生活的内生动力也被极大地激发出来。

案 例 点 评

在全国贫困程度最深的地方，又是民族聚居区，妇联创建行动得到党委极大的支持，妇联主动作为，省、州、县、乡、村五级妇联组织上下联动，完善机制，加强培训，评好选优，使行动切实见效。

搬迁点上建"美丽家园"

安顺市镇宁自治县妇联

围绕充分发挥妇女在乡村全面振兴中的"半边天"作用，安顺市镇宁自治县妇联以"清洁、绿色、健康、文明"为目标，以"清洁卫生我先行""绿色生活我主导""家人健康我负责""文明家风我传承"四项行动为抓手，广泛动员广大妇女积极参与到"美丽家园"建设中。

一、具体举措

从小家做起，做好清洁第一步。向搬迁点1151户4928名群众宣传"美丽家园"的打造理念，提高"美丽家园"建设的知晓率，并大力宣传各地"美丽家园"建设的好经验、好做法，有效促进妇女群众心中"美丽家园"理念的塑造，同时宣传普及生活卫生健康保健、家庭环保、绿色消费、安全等科学知识，动员广大妇女从家庭做起、从改变生活和卫生习惯入手，清除乱堆乱放，全面净化绿化美化房屋；积极呼吁广大妇女群众摒弃之前的生活陋习，从楼道间、楼宇间不乱堆杂物、不乱倒垃圾脏水等日常生活琐事做起，在搬迁点形成妇女人人参与、户户行动的清洁行动热潮。

树好理念，做好绿色第二步。通过召开群众会、宣传栏、文化墙等形式，向妇女宣传生态环保理念，带动家庭成员节约生产生活用水，充分了解垃圾分类的重要性，在搬迁点设立分类垃圾箱，帮助群众在生活中做好垃圾分类，提高妇女群众的科学素养，自觉践行简约适度、绿色低碳的生产生活方式；开展"巾帼引领、爱我家园、卫生先行"志愿服务活动。邀请贵州省黔灵女家政服务公司在镇宁自治县易地扶贫搬迁安置点开展"共建美丽家园，共享幸福生活"家政讲课，有效提升妇女文明健康意识，养成良好生活系列，树立自尊、自信、自立、自强的新女性意识，克服"等、靠、要"的思想，用自己的双手建设美丽家园。

守护健康，做好家庭保健第三步。 通过微信公众号、今日头条等新媒体，开展家庭健康知识普及宣传，尤其在新冠肺炎疫情防控期间，充分发挥妇女在家庭中的重要作用，随时关注家人健康状况，守护家庭防线。通过不断强化宣传，文明健康的生活理念已经在搬迁点妇女群众心中树立。组建两支社区文艺队伍，积极参加中秋、春节、六月六等节庆活动，鼓励搬迁点妇女积极开展广场舞等健身活动，通过科学的健身，摒弃生活陋习，让广大妇女以科学健身愉悦身心、增强身体素质。深入落实"农村贫困母亲两癌救助""爱为她"等项目。不断强化"两癌"筛查的宣传，引导妇女正确面对身体疾病，积极参与筛查，勇敢面对疾病，做到早发现、早治疗。

传承好家风，做好家风评比第四步。 一是在广大家庭间开展"最美家庭"评比活动。通过推选"卫生户""好婆婆""好儿媳""好邻居"等示范户，形成户与户比、户向户看齐的户户参与的良好氛围。

二、成果成效

通过多措并举，搬迁点群众的绿色环保理念已树立，摒弃乱扔、乱吐、乱贴等不文明行为，自觉形成爱护环境、守护环境的良好习惯，庭院更美了、笑颜更多了。

案 例 点 评

搬迁点多举措打造"美丽家园"，帮助搬迁点妇女快速融入城市生活，更好树立主人翁责任感，积极投身到"美丽家园"建设中，快速推动"美丽家园"建设落细落小，落入寻常百姓心中。

提升"三项能力" 建设美丽家园

遵义市妇联

遵义市妇联以提升妇女"三项能力"为抓手，教育引导农村妇女提升"持家"能力，改善居住环境；提升"发展"能力，带领家庭增收；提升"家教"能力，共建和谐家庭，全面推进乡村振兴巾帼行动。

一、具体举措

开展调研，强化督导，确保"三项能力"提升活动有序开展。一是深入县、乡（镇）、村实地调研，以召开座谈会、入户走访、坝坝会等形式，传达党的惠农惠民政策，了解农村妇女家居环境建设情况、家庭经济收入情况、子女教育情况、存在困难及能力提升需求等。二是及时与遵义市扶贫办沟通，组成督导组到基层检查督导，加大工作调度、指导力度，推动活动有序高效开展。三是加强指导。为农村妇女量身制作了一本"三项能力"教科书，即《遵义市农村妇女"持家、发展、家教"知识手册》，通过卡通漫画、顺口溜等浅显易懂的形式，把持家、发展、家教内容口语话、通俗化、形象化。已印制11万册送到妇女群众手中。

整合资源，强化保障，确保"三项能力"提升活动落实到位。一是组织保障。各县（市、区）均结合实际出台方案明确目标、细化任务、强化措施，明确专人负责，定期听取活动情况汇报，研究解决存在困难和问题，及时开展调度督查。二是经费保障。市、县、乡共整合扶贫、财政、挂帮科局经费800余万。市级整合扶贫、财政资金70余万元。三是师资保障。通过与高校、家政公司、家庭教育协会等合作，把熟悉农业农村工作、擅于与群众打交道、授课方式接地气的专家、老师纳入妇联系统培训队伍，建立由妇联工作者、妇女致富带头人、挂帮干部、巾帼志愿者为主的师资队伍，确保培训效果。

加强培训，指导"三项能力"提升活动层层开展。一是市级轮训率先启动。市妇联带领市级专家教师团，深入各县（市、区）召开"遵义市农村妇女'持家、发展、家教'能力提升培训会暨党的十九大精神宣讲报告会"，培训基层干部，帮助基层建立一支"巾帼服务团"。二是县、镇、村、组四级培训全面开展。通过集中培训、坝坝会、专家入户指导等，全面推进农村妇女"三项能力"提升活动。

树培典范，营造"三项能力"提升活动的良好氛围。通过妇联网站、微信、微博及电视、报刊等新闻媒体和召开院坝会、印发宣传资料等多种形式，广泛宣传，积极挖掘、培养一批创造清洁家居环境、践行文明生活方式、积极参与脱贫攻坚的村组及勤俭持家、发展致富农村女能人榜样，并授予"'持家、发展、家教'先进点""持家女能手""发展女能手""家教女能手"等荣誉称号，通过典型引路、邻里效应，带动"美丽家园"建设从面上铺开。

二、成果成效

全市已培训移民搬迁妇女115819人次，基层妇女干部、扶贫干部6000余名，农村妇女55万余人，长期以来的落后生产生活习惯正在不断改变，家庭室内室外按照"门前三包""院内五净"要求整治卫生，家家户户窗明几净、整洁有序，家庭成员着装整齐、笑容满面、关系和谐。

案 例 点 评

农村妇女"持家、发展、家教"三项能力提升活动，改变了妇女群众"等、靠、要"的思想，广大农村妇女增强了责任意识、荣辱观念、文明意识、感恩意识、自主脱贫意识等，持家能力、发展能力、家教能力普遍提升。

以巾帼绿色行动　助力人居环境提升

大理白族自治州宾川县妇联

为认真贯彻习近平总书记考察大理白族自治州时对大理生态文明建设的重要指示精神，积极落实宾川县委、县政府关于走转型升级之路，实现高质量发展，建设美丽宜居新宾川的工作部署及"绿色宾川党旗红"的要求，宾川县妇联大力推进以"一名妇女种植一棵树·携手共建绿色新宾川"为主题的"宾川巾帼绿色行动"，积极建设"美丽家园"。

一、具体举措

2019年2月，宾川县妇联下发《关于在全县开展"宾川巾帼绿色行动"的通知》，并在全县发放《"宾川巾帼绿色行动"倡议书》，号召全县广大妇女"一名妇女种植一棵树·携手共建绿色新宾川"。3月8日，宾川县各级妇联联合启动"宾川巾帼绿色行动"，拉开全县"宾川巾帼绿色行动"的序幕。活动将持续实施三年（2019～2021年），全面引领广大妇女参与到植绿护绿行动中，全县广大家庭"动"起来，"扮"好家庭、"扮"靓自己、"扮"美村庄，在建设"生态宜居"美丽家园中充分发挥妇女"半边天"作用。

二、成果成效

2019年，"宾川巾帼绿色行动"共发动全县130个基层妇联组织、35个县级部门、共3万多名干部群众参与，其中妇女群众2万多人，共植树近4万株，建立巾帼示范林（带）108个。"宾川巾帼绿色行动"成为激发基层妇联组织活力、引领全县妇女积极参与生态宜居宾川建设的有效载体，成为持续推进宾川生态文明建设的重要举措。

案 例 点 评

通过开展植树活动，有效激发了基层妇联组织活力，进一步提高了妇女群众和家庭的生态文明意识，引导妇女和家庭参与绿色行动、践行绿色生活方式，让建设山清水秀美丽之地成为广大妇女和家庭共同的价值追求和自觉行为。

以"美丽家园"建设活动推进乡风文明

怒江傈僳族自治州贡山县妇联

为贯彻落实习近平总书记"绿水青山就是金山银山"重要思想，贡山县独龙江乡在全乡内掀起农村家庭环境卫生整治提升建设"美丽家园"的热潮。

一、具体举措

借鉴"孔当经验"。"孔当经验"是在实施独龙江乡整体素质提升行动中的一项"独龙江特色"创新行动，"孔当经验"的"每日一晒""每月一评"活动已在农村家庭环境卫生整治示范点全面铺开，并取得了良好的成效。通过"每日一晒""每月一评"活动，形成了比文明、比生产、晒精神的良好氛围，培育了群众自立自强和文明生活意识，逐渐解决了群众家庭卫生脏、乱、差的问题。

以点带面，争当美丽乡村主力军。孔当村以腊配整个小组为示范点，打造"最美庭院"，腊配妇女同胞积极参与，或是背沙采石，或是种花种草，或是给辛苦劳动的丈夫洗衣做饭，腊配小组30户农户已基本完成前期打造工作。腊配小组的妇女带头积极参加每周一环境卫生日，在打扫好外部环境卫生的同时注重家庭内务卫生，每天起床后她们的第一个工作便是整理家庭内务，在孔当村两委和驻村工作队的引导下，家庭内务整理已经成为腊配小组广大妇女同胞的

自觉行为。村民们纷纷到"最美家庭"参观学习，按照评选标准，回家后建立家庭卫生制度，清扫卫生死角，清理房前屋后堆放物，在农村兴起比干净整洁之风。一个示范户带动一条街，一条街带动一个村，一个村带动一个乡。

二、成果成效

在各级部门的关心帮扶下，腊配小组的生活环境发生了翻天覆地的变化，公路通到家门口、家家户户从简易木楞房住上了宽敞舒适的小楼房，腊配小组妇女同胞和全乡独龙族群众十分懂得感恩，她们经历过最初的原始生活，也亲身参与了家乡每一次重大的变化，因此她们牢记党恩，并将对党的感恩转化为建设家园的动力，用自己勤劳的双手打扫出一个个干净整洁的家庭，她们正用自己的温柔善良和辛勤付出与家人一起建设着更加美好的幸福生活。

案 例 点 评

腊配小组抓住村容村貌整治工作，开展文明乡村整村推动活动，整修乡村道路，清理陈年垃圾，清洁村内边沟，实现亮化、绿化、美化，整个村庄显现出整洁有序、文明和谐的新变化。腊配小组美丽家园的成功建设，成为示范带动乡村的绿化美化、推进落实乡村振兴战略和农村人居环境整治的重要措施，对于加快乡村绿化美化、促进提升村容村貌、建设美丽宜居乡村具有重要意义，对当地实施乡村振兴战略和农村人居环境整治具有极大的推动作用。

建设宜居、宜游、宜业的幸福乡村

文山壮族苗族州西畴县妇联

从2014年开始，西畴县妇联在全县组织开展"美丽庭院"创建活动，妇女群众在农村环境改造提升中当"主角"，西畴这个曾被外国地质专家判定为"基本失去人类生存条件的地方"变成了"宜居、宜游、宜业"的美丽家园。

一、具体举措

*领导重视，高位推动。*积极争取西畴县委、县政府及有关部门领导的重视，将"美丽庭院"创建作为一项民心工程纳入农村各项建设工程中，做到"美丽乡村"建到哪里，"美丽庭院"就跟进到哪里。2014—2019年，县妇联共划拨经费16.2万元，用于"美丽庭院"示范点创建、乡镇妇联考核责任奖、宣传折页、示范村、示范户的牌子制作，为创建工作提供了人力物力保障。

*大力宣传。*妇联发放了《"美丽庭院"创建倡议书》、制作《"美丽庭院"宣传折页》、制定《"美丽庭院"创建评选办法》《巾帼志愿者服务队服务制度》《卫生清扫保洁管理制度》等，同时将爱护环境，讲究卫生等做成温馨提示牌悬挂在示范村里，全县各示范村共张贴提示宣传牌300余条。做好评估检查和考核表彰。通过组织评选委员会对照"美丽庭院"创建"五美"标准，认真开展了"美丽庭院"示范户评选表彰工作，并以发放小物品、挂"美丽庭院"牌的方式，激励先进，督促后进。5年的时间，西畴县共创建"美丽庭院"州级示范点17个，县、乡级示范点29个，示范户1707户。

*干部带头，群众参与。*自2014年开始，在州、县、乡示范村分别组建了1000余名妇女群众组成的妇女之家、巾帼志愿服务队、保洁队、监督队，认真开展志愿服务活动，负责村里公共卫生。"妇女之家"在"美丽庭院"创建中发挥着重要作用，为了鼓励妇女们积极投身"美丽庭院"创建中，每个星期组织一次卫生检查、每个星期组织一次打扫、一个季度做一次评比。通过组织群众会、"妇女之家"选评"五好家庭""好婆婆""好媳妇"等活动，在妇女中形成了不甘落后、争当先进的氛围。同时组建10支县、乡组成的"美丽庭院"讲师团队伍，向

广大农村妇女和家庭传授卫生清洁、绿色生态、科学文明的理念和知识，帮助妇女革除生活陋习，改善个人形象和家居环境，使"美丽庭院"创建知识入脑、入心、入家庭，广大农村妇女认识得到提升，自觉行动，整治环境，争当"美丽庭院"创建的主力军。

二、成果成效

建设美丽家园，"妇女能顶半边天"，在农村，女性已远远不止"半边天"。她们不只顶起了家里的半边天，也撑起了家外的天空。以前的脏、乱、差不见了，现在的庭院里杂物不再随意堆放，物品分类整齐摆放；庭院整洁，家禽家畜圈养，地面无垃圾；庭院内外，房前屋后还种上花草树木；室内环境更是整洁美观，窗明几净，农村整个人居环境得到了极大的改善。

案 例 点 评

开展"美丽庭院"创建以来，西畴县妇联积极到各乡镇、村寨开展宣传培训，提高妇女群众的认识；加强激励，建立长效机制，统筹推进创建活动，取得积极成效，也切实增强了妇女群众和当地人民的获得感、幸福感。

"美丽家园 幸福人家"守卫神圣国土

日喀则市妇联

为持续推进美丽乡村建设，2019年，日喀则市妇联立足职能，积极作为，以实施乡村振兴巾帼行动为抓手，以"美丽家园 幸福人家"创建活动为载体，以家风文明促进乡风文明，团结动员广大妇女群众争做"神圣国土守护者，幸福家园建设者"，为建设和谐文明幸福美丽日喀则作出了积极的贡献。

一、具体举措

精心组织，持续加大创建活动宣传。2019年年初，市妇联向全市18县（区）下发了《关于进一步深化开展"美丽庭院 干净人家"活动的通知》，各级妇联印发藏汉双语的"五美五净"创建标准宣传资料，做到创建标准宣传单家家必贴，家家户户必知。各级妇联制作环保口袋、手套、帽子等形式多样的宣传品，面向广大家庭进行广泛深入的宣传。充分依托线上、线下两条宣传战线［珠峰女性、官方微博、珠峰妇女之家、政府公众号、官方微博；县域发布公众号、微信工作群、村（居）广播、LED宣传屏］，同步通过广播电视、报刊在辖区重要地段、妇女儿童之家重要场所悬挂横幅、张贴标语以及召开专题宣讲会、设置咨询台、文艺演出等形式，积极开展创建宣传，努力营造家喻户晓、妇孺皆知的浓厚舆论氛围。

加强领导，努力推动创建活动常态化。把"美丽家园 幸福人家"创建活动纳入2019年目标责任书。9月，市妇联在创建活动基础较好、成效显著的亚东县召开了现场推进会，为18县（区）妇联组织及家庭代表创建"美丽家园 幸福人家"提供了学习、观摩和借鉴的机会。在选取基础条件好、群众参与热情高的村（居）作为创建示范点的基础上，坚持以点带面，稳步推动，全面铺开的原则，不断严格创建标准要求，提高创建水平，逐步形成了群策群

力、齐抓共管的创建工作格局。

创新方法，不断提升创建活动成效。以开展"四项行动"为切入点和着力点，按照"五美"创建标准，围绕"清洁我的家"行动，广泛组织动员妇女群众和家庭参与环境卫生整治行动，清洁庭院卫生死角，清理房前屋后的堆积物，教育引导家庭成员养成良好的卫生习惯。定结县妇联常态化开展"屋内屋外、村内村外"大扫除活动，一把扫帚扫到底；萨迦雄麦乡玉琼村妇联联合驻村工作队常态化开展家庭卫生评比表彰活动，向"美丽庭院 干净人家"示范户颁发奖品和卫生评比流动红旗。围绕"绿化我的家"行动，各级妇联组织积极引导和鼓励群众参加庭院绿化美化活动，各驻村工作队发挥示范带头作用，在村委会院内种花、种草、种树，部分群众在院内种植了青稞、蔬菜等。萨迦县吉定镇妇联开展了植树造林建设妇女林，已完成基地造林植树2300亩，荒山荒滩造林8000亩，补植3000亩，乡村道路绿化3302亩。康玛县妇联联合康马县林草局在南尼乡、少岗乡等海拔较低的户院种植7856棵树。围绕"文明我的家"行动，各级妇联结合实施家家幸福安康工程、创建"五好文明家庭"和寻找"最美家庭"活动。萨迦县妇联开展"五美五净"进农户活动和"晒晒我的家"星级评比活动；岗巴县昌龙乡妇联常态化组织巾帼志愿者开展以"携手共建幸福家园，争做为民服务先锋"主题活动。

二、成果成效

截至2019年年底，"美丽庭院 干净人家"活动已经覆盖日喀则市18县区、204个乡镇、1673个村（居），覆盖率达100%，并同步跟进推动活动向易地扶贫搬迁点覆盖。各级妇联组织挂牌创建示范户892家。

案 例 点 评

日喀则市妇联结合当地实际，细化"美丽家园 幸福人家"活动，以"美丽庭院 干净人家"为抓手，加强宣传，以点带面，上下联动，将创建活动纳入村（居）美丽乡村建设工作范畴，确保了组织到位、目标责任到位，形成了群策群力、齐抓共管的工作格局，让"美丽庭院 干净人家"活动在珠峰脚下火热开展。

"五美五净"庭院创造美好生活

日喀则市康马县妇联

为深入实施乡村振兴巾帼行动，持续推进美丽乡村建设，日喀则市康马县妇联根据市妇联"美丽庭院 干净人家"创建活动要求，聚焦"六个康马"建设为战略，成功打造了一批"院内净、卧室净、厨房净、厕所净、个人卫生净"的"五美五净"庭院。

一、具体举措

加强宣传，使"五美五净"意识深入人心。在每家每户门口、村口、村主干道及村民集聚点悬挂横幅十余条，发放藏汉双语《创建"美丽庭院 干净人家"倡议书》彩色挂历1200余份，宣传覆盖率100%。同时，通过组织党员、团员、积极分子等带头示范和宣传作用，实际行动的表率，提高了广大群众创建活动的积极性。

明确目标，使各项工作有条不紊地进行。康马县妇联将"美丽庭院"创建活动作为工作的重中之重，要求全县每个乡（镇）创建12个示范村，现已确立县级示范村20个，其中康马镇朗达村、嘎拉乡嘎拉夏村、涅如麦乡都督村、南尼乡南尼村、康如乡边琼村、雄章乡昆章村为6个重点村，通过以点带面的方式，带动庭院整治工作在全县各村广泛开展。

一是开展"清洁我的家"环境整治行动。按照《村庄清洁行动实施方案》的部署要求，广泛组织动员妇女召开全村妇女大会，倡议全村妇女勤洗澡、勤洗脸、勤洗手。基层妇联组织巾帼保洁队、巾帼志愿者开展环境清洁活动68次，村妇联和村委会、驻村工作队联动起来，不定期突击检查家庭卫生，并调动"双联户长"，对双联范围内家庭进行卫生督导检查28次，家庭卫生清洁示范户38户进行表彰，为受表彰家庭代表颁发了抹布、洗洁精、洗衣服手套、垃圾桶等奖品。

二是开展"绿化我的家"庭院示范活动。积极引导广大妇女、家庭参加植树造林和庭院绿化美化及每户养花活动，联合县林草局在南尼乡、少岗乡等海拔较低的户院种植7856棵树。消除无树村、无树户，让乡村处处绿树成荫，农家庭院鲜花盛开。

三是开展"美化我的家"群众性创评活动。引导妇女清理整治房前屋后环境，清除私搭乱建、乱堆乱放，全面净化、绿化、美化庭院。康如乡边琼村、萨马达乡孟扎村、康马镇7个行政村妇联开展"晒晒我的美丽庭院"家庭卫生评比活动等形式多样的主题活动，并对评出的"美丽家园"进行"送牌挂牌"，组织妇女群众到"美丽家园"示范户进行观摩互学。通过树立典型，以户带户、以点带面的方式，逐步扩大辐射范围，使庭院经济形成规模，为村民致富架桥铺路。

丰富载体，展现乡村家美人美的美好生活。以"妇女之家"为平台，开展了丰富多彩的巾帼活动，助推"美丽庭院"活动组织和发动广大妇女及家庭参加倡导低碳生活理念，开展巾帼文体宣传活动，组织妇女跳广场舞、健身操和合唱等文艺活动，活跃群众文化生活。以女性的文明进步，带动家庭变革。

二、成果成效

全县共有47个行政村全部开展"美丽庭院"创建，打造"美丽庭院"530户，干净人家680户。紧紧围绕产业兴旺、生态宜居、乡风文明、治理有效、生活富裕的总要求，妇联充分发挥组织优势，最广泛地把农村妇女动员组织起来，妇联组织的战斗力得到了提升。

案 例 点 评

通过夯基础、下实功、压责任，康马是妇联充分发挥广大妇女群众的巾帼力量，成功打造了一批"美丽庭院"，在推动县农牧业全面升级、农村全面进步、农牧民全面发展中贡献了巾帼力量。

美丽庭院　干净人家

日喀则市萨迦县妇联

在乡村振兴战略实施中，日喀则市萨迦县妇联驻冲达村工作队，以"美丽庭院　干净人家"为主题，带领广大妇女党员，开展"五美五净"环境卫生专项整治行动，去除陋习，养成健康、文明的新习惯。

一、具体举措

重宣传，为干净整洁的家园造势。在吉定镇冲达村开展"五美五净"文明村"七进"农户活动，包括：脚盆进农户、卫生巾进农户、花瓶进农户、洗漱用具进农户、避孕套进农户、验孕棒进农户、生理健康常识和社会道德教育进农户等。针对农村普遍存在的庭院不整齐干净、农牧民个人卫生习惯差、疾病预防和保健能力不足、农村妇女卫生巾普及率差感染性妇科病比较普遍、农民群众道德观和社会责任心不足等问题，邀请专家为群众讲授保健知识。为了让儿童从小养成良好的卫生习惯，提高儿童自我保健能力，在驻村点木拉村开展落实妇女儿童《两纲》《两规》，强化"勤洗手、勤洗脸"健康教育活动。驻村工作队发放脸盆、毛巾、香皂等洗漱用品，并要求孩子们养成日日洗脸、饭前便后洗手的健康习惯。

先进带动，开展志愿服务活动。联合县环保局、县强基办筹资召开冲达村"美丽庭院　干净人家"创建活动表彰会。萨迦县组建志愿者队，在村辖区内开展"美丽乡村清洁"志愿服务活动。对318国道沿线的垃圾、户与户之间小巷的垃圾以及村委会内的垃圾进行捡拾和清运；志愿者们还深入孤寡老人家中，帮助老人整理物品、打扫卫生。

义务植树、绿化环境。妇联与其他部门协作，开展植树造林绿化活动。通过多次植树活动，村两委、村妇联、驻村工作队、乡村专干进一步提升绿化、环保意识，更进一步拉近了干部与群众的距离，有利于提升村委会的整体形象，为创建"美丽村庄，幸福家园"奠定了良好的基础。

二、成果成效

通过"美丽庭院　干净人家"创建活动，村民的卫生及健康意识得到了大大的提升，去除陋习，养成了健康、文明的新习惯。

萨迦县妇联围绕"美丽庭院　干净人家"这一主题，结合本地不讲卫生、乡村卫生、健康意识差的实际，开展针对性的活动，推动古老的乡村成为美丽、文明、绿色、环保的社会主义新农村。

围绕中心 主动作为 扎实推进"美丽庭院"创建

西安市妇联

为贯彻实施乡村振兴战略，西安市政府出台了《农村人居环境整治三年行动计划》，西安市妇联以"美丽庭院"创建为抓手，统筹考虑，整体规划，全面推进，以创建成效助推"美丽西安"建设。

一、具体举措

*提高站位，形成立体格局。*西安市妇联党组将"美丽庭院"创建作为贯彻全国妇联、省妇联和市委、市政府部署安排的重要举措，主动争取党委、政府的支持，争取相关职能部门的协作努力，形成"党政支持、妇联推动、各方协作、群众欢迎"的创建工作格局。

*主动作为，增强创建合力。*市妇联将"美丽庭院"创建纳入全市"美丽乡村"建设和"农村人居环境整治工作"整体规划；开展以"庭院设计布局美、摆放有序整齐美、卫生整洁环境美、养花种树生态美、文明风尚和谐美"为标准的创建活动。先后组织涉农区县妇联主席赴渭南市大荔县，浙江省杭州、嘉兴、湖州、温州、台州、宁波等地进行实地考察，学习经验、开阔思路；多次深入全市百余个村开展调查研究、座谈走访、共商共议。主动与市文明办、市财政局、市建委、市农林委、市人居办等有关部门保持经常性沟通联络，落实财政专项资金，协商解决创建工作的问题，联合下发《关于开展"美丽人家·美丽庭院"创建活动的实施方案》，先后4次召开西安市"美丽庭院"创建工作现场推进会，组织动员妇女和家庭参与创建活动。

*健全机制，实现常态长效。*市妇联成立了"美丽庭院"创建工作领导小组，全市各区县妇联也成立了相应的机构。在"西安女性"微信公众号开设"美丽庭院"专栏，及时发布"美丽庭院"（阳台）实景展播。制定了《西安市级

"美丽庭院"示范户考核评分细则》《西安市"美丽庭院"创建示范村考核评分标准》，实行月报季报制度，每月每季通报排名，按比例评估。制订了"美丽庭院"创建工作三年计划，每年评选一批"美丽庭院"示范户和"美丽庭院"示范村，以奖代补，为"美丽庭院"创建示范村提供资金支持。举办"西安市'美丽庭院'创建工作培训班"，建立了百余人的创建工作骨干队伍。依托"女性大讲堂"，开设美丽创建课程，送课到基层，指导到庭院。

因村制宜，呈现勃勃生机。注重彰显各地特色，长安区王莽街道清水头村妇联鼓励妇女创新思维，成立了"美丽庭院"志愿者工作队，按"小组先评、村妇联初评、村委会复评、公示后决定"的方式分类别创建示范户，并悬挂不同颜色标志，使创建结果一目了然。五台街道西尧村妇联推行"街长制"长效管理机制，形成了村干部包街、党员联户、监督员分区、保洁员分段、群众参与的良性机制，用老旧物件巧妙打造富有关中民俗特色、浓郁乡愁记忆的街巷景观。

二、成果成效

全市11个涉农区县共450余个农村人居环境示范村开展了"美丽庭院"创建活动，共评选表彰区县级以上"美丽庭院"示范户6.1万余户，连续两年超额完成创建任务。承办陕西省"五美"庭院现场推进会，举办两届"美丽庭院"创意大赛，向全市广大妇女和家庭发出"争创美丽庭院"倡议书，设计印制发放"美丽庭院"宣传资料10万余份。举办线上线下讲座170余场，受益群众7万余人。

案 例 点 评

西安市妇联立足大局，着眼具体，凝聚党政合力，健全制度体系，强化典型引领，扎实推进"美丽庭院"创建工作落地落实，为建设天蓝、地绿、水清的美丽西安贡献了巾帼力量。

小积分改变大习惯 "巾帼美家"在行动

汉中市妇联

积极响应全国妇联和省妇联的号召，汉中市妇联组织动员广大妇女和家庭积极参与以"美丽我家——四净整洁家庭、美化农家——四无清洁村庄、美和大家——四倡移风易俗"（简称"三美"）为内容的"巾帼美家行动"，助推脱贫攻坚与乡村振兴。

一、具体举措

试点先行。2019年7月，汉中市妇联争取市女企业家协会等社会力量捐赠近2万元超市物品，在包扶村略阳县接官亭镇何家岩社区试点成立积分兑换式"巾帼美家"超市。制定"巾帼美家"超市积分管理办法，成立由各村民小组骨干妇女、妇联执委担任队长的8支"巾帼美家"小分队。小分队定期入户检查现场评比打分，村妇联组织开展"巾帼美家行动"观摩活动，村民可由现场评比得分、临时奖励得分和一次性奖励得分获得积分，运用所得积分兑换超市物品。

持续推进。2019年年底，汉中市妇联组织"巾帼美家行动"推进会，每个县区确定一个村（社区）先行推广，市妇联给予每个村（社区）5000元推广启动资金。2020年3月，汉中市妇联联合市农业农村局、林业局、扶贫办制定出台《关于印发推进"巾帼美家"行动参与农村人居环境整治助力脱贫攻坚实施方案的通知》，立足"三美"提出了明确的"巾帼美家行动"目标任务。汉中市妇联通过争取政府专项工作经费、妇女儿童民生项目重点支持，保障"巾帼美家行动"持续推进。

强化宣传。汉中市妇联召开全市"巾帼美家行动"动员部署会，向广大农村妇女发放倡议书，利用宣传栏、墙画、宣传手册等传统方式和微信群、微信公众号等新媒体大力宣传农村人居环境提升的重要意义，宣传"巾帼美家行动"的目标内容、创建标准，提高农村妇女参与"巾帼美家行动"的自觉性和积极性。设立光荣榜和曝光台，宣传正面典型、曝光不良现象，营造推进"巾帼美家行动"的浓厚氛围。

全面实施。各县区妇联全面安排部署，分阶段实施，注重巩固提升，建立长效机制，召开现场推进会，加大选树典型，强化督导检查，开展特色创建。

二、成果成效

群众从最先的犹豫观望，到后来一临近检查时间点突击开展各自家庭大扫除，到现在保持干净整洁已经成为大部分农户的日常习惯，各个村庄、家家院落干净、整洁、有序、美丽，村容村貌明显改善，村民文明意识普遍提高，群众的精神风貌和思想观念得到了显著提升。

案 例 点 评

汉中市妇联的"巾帼美家行动"通过建立"巾帼美家"超市、多种形式宣传，发动妇女、教育妇女、培训妇女，展示了妇联组织的积极作用，切实提高了村民的卫生健康意识，实现了多赢。

"五美庭院"活动展让水泥村变生态村

铜川市耀州区马咀村妇联

为建设生态宜居乡村，马咀村妇联通过"五美庭院""绿色家庭"等示范创建评选活动，引导广大妇女及家庭共同建设山清水秀、天蓝地绿、村美人和的幸福美丽家园。

一、具体举措

宣传引导同建设。以党建带妇建，在村党支部的带领下，发挥妇联组织桥梁纽带作用，以"美丽乡村 文明家园"建设为载体，通过建设乡村文明一条街、农家书屋、村级广播室、宣传文化墙，教育引导群众坚定主动脱贫、勤劳致富的决心，在全村营造讲和谐文明、颂传统美德、强自身素质的良好氛围，为建设"绿色、生态、文明、富裕新马咀"打下坚实的思想基础。

开展培训学技能。组织巾帼宣讲团，开展以健康卫生知识、良好生活习惯等知识为内容的培训活动，向广大农村妇女传播绿色生态、健康卫生、美化绿化、家政清洁等知识，帮助大家提升个人形象，改善家居环境，建立健康保养意识，引导妇女群众崇尚健康文明的生活方式，带动家庭提高改善生活环境的能力。

培树典型促引领。成立"美家美户"巾帼志愿服务队，开展"美丽庭院"

评选表彰活动，鼓励引导全村妇女以先进典型为榜样，积极参与争创。以"家庭卫生好　要靠主妇巧"为主题，依托"五好文明家庭""好媳妇""绿色家庭""五美庭院"等评选载体，引导妇女带动家庭，树立健康文明新风，养成良好卫生习惯，用勤劳的双手建设自己美丽的家园，实现家居环境、村庄环境、自然环境相互统一，相互协调，相互促进。

二、成果成效

随着环境的改善，马咀村乡村旅游、农业设施大棚观光采摘、亲子互动主题乐园也不断建设完善，旅游业收入、土地流转收入、种植业收入、房屋租赁收入、公司入股分红收入成为马咀村村民稳定的五大收入来源。2019年，人均纯收入增加到21563元，比发展之初增长了30多倍。马咀村已成为陕西省铜川市"美丽乡村建设、促进农民增收、推进脱贫攻坚"的新模板。

案 例 点 评

马咀村妇联在当地转型发展大势中，找准定位，积极谋划，因村制宜，通过夯基础、重引导、强培训、育典型等方式，打造"五美庭院"示范村，助力建设"生态宜居村庄美、兴业富民生活美、文明和谐乡风美"的新农村，对马咀村落实农村人居环境整治和乡村振兴战略，起到了极大的推动作用。

"巾帼家美积分超市"推动美丽家园创建工作

甘肃省妇联

为了深入贯彻落实习近平总书记关于乡村治理、脱贫攻坚、垃圾分类及扎实做好引领服务联系妇女的重要指示精神，甘肃省妇联探索实施"巾帼家美积分超市"示范点项目，通过建设小超市，激发妇女群众积极参与人居环境整治和村庄清洁行动，净化美化环境，建设美丽乡村，助力脱贫攻坚。

一、具体举措

试点先行，注重示范推动。2018年10月，甘肃省妇联制订出台了《关于在全省深度贫困村实施"巾帼家美积分超市"示范点项目方案（试行）》，在定西市漳县帮扶村试点建设了3家"积分超市"。在试点成功的基础上，在40个深度贫困乡镇、2019年和2020年拟退出的贫困县、15个新时代文明实践中心试点县及城市社区接续建设、全面推开。确定由会领导和部室负责人具体主抓的14个省级"积分超市"示范点，做成精品样板。

争取支持，扩大建设范围。与省农业农村厅、省住建厅紧密合作，将"积分超市"建设作为人居环境整治和全域无垃圾、促进垃圾分类工作的有力载体，纳入《甘肃省农村"垃圾革命"行动方案》。省住建厅投资200万元全域无垃圾奖补资金，在全省新建400家"积分超市"。张掖市、定西市、酒泉市、陇南市等妇联与党委政府积极沟通、协调，争取人居环境整治资金、扶贫资金、东西部协作资金近千万元用于"积分超市"建设。漳县、宕昌、瓜州、临泽、崆峒等县区实现全覆盖。兰州市妇联率先在城市社区建设了10家以垃圾分类为主的"积分超市"。

强化指导，突出提质增效。省妇联举全会之力加大对"积分超市"建设运行指导督查监管，建立了干部和村妇联主席"一对一"联系包抓机制，统筹召开包抓干部、妇联主席、执委及群众代表调度会，先后69次深入基层一线，指导对接"积分超市"工作。省妇联领导带队，分7组深入8个市州、25个县区、62个乡镇、120个村，实地对"积分超市"建设运行情况进行调研指导。

建立机制，实现长效管理。"积分超市"由县乡妇联指导，村"两委"牵头，驻村干部和村妇联主席、执委具体参与，推选出管理委员会和评分小组，通过现场评定、综合评定、临时奖励和半年考核四种方式，发放相应分值的积分卡，兑换相应等值物品。部分村在超市运行过程中，创新成立互评小组，由村民小组长和群众推选的威信高、品行好的群众组成，在评比过程中采取随机交叉互评的方式，确保了评比的公平公正，让村民在参与中实现自我管理、自我认同和自我提升。

二、成果成效

项目实施以来，先后投入1800余万元，建成"积分超市"3528家，覆盖全省14个市州、86个县市区。"积分改变习惯、勤劳改变生活"已不仅仅是一句口号，而是成为广大群众脱贫致富、向上向善的思想共识，成为改变村容村貌的动力源泉。

案 例 点 评

甘肃省妇联的"积分超市"项目以"小超市"实现"大撬动"，不仅是推动乡村振兴的有效抓手、改善人居环境的有效手段、开展精神扶贫的有效载体，而且成为妇联组织参与党委政府中心工作的新平台，成为妇联执委发挥作用的新舞台，成为基层党委政府推动农村精神文明建设、化解矛盾纠纷、建设和谐村庄的新通道。

"四化联动"建"美丽家园"

甘南藏族自治州舟曲县妇联

为落实习近平总书记"建设好生态宜居乡村"的指示，舟曲县妇联坚持党建带妇建，以建设美丽宜居新农村为导向，以庭院内外、房前屋后为主攻方向，通过强化领导、宣传发动、精准施策、示范带动、压实责任、创新推动等措施，积极引领广大妇女共建共享生态宜居新农家。

一、具体举措

高度重视，强化领导。舟曲县妇联争取党政支持，先后制订下发了《关于在全县开展"整洁庭院 美在我家"活动的实施方案》《关于在全县范围内开展"助力脱贫攻坚·家庭卫生整治巾帼行"活动实施方案》等文件，明确了"美丽家园"创建工作的目标、方法、步骤、措施，为全力推进"美丽家园"创建工作，坚决打赢城乡环境卫生综合整治持久战奠定了坚实的基础。

宣传发动，营造氛围。相继开展"垃圾分类，巾帼先行""整洁家庭 优美院落 巾帼在行动""小手拉大手，环境卫生整治进家庭"等主题环境卫生整治宣传活动，发放宣传资料1万余份，发送环境卫生整治短信2万余条，利用"舟曲妇女之声"微信公众号等新媒体平台转发推送"美丽家园"创建专题素材100余期。在"三八"国际妇女节、母亲节、"12·4"国家宪法日等重要节点，发放"美丽家园"创建倡议书2万份，发放"美丽庭院"宣传袋、围裙1万个。通过全方位、多角度的宣传，为"美丽家园"创建工作营造了良好的社会氛围。

以点带面，统筹推进。2018年，在大川镇土桥子村开展"助力脱贫攻坚·家庭卫生整治巾帼行"示范点活动，州县镇村四级妇联通过召开家庭主妇培训会，充分发挥改革后基层妇联组织的作用，动员乡镇、村妇联主席、副主席、执委及巾帼志愿者近百人，深入农户家中，从整理内务、清扫庭院等着手，面对面宣传引导、手把手指导帮带。协调"两办"组织53个县直单位与农户联户结对带动，土桥子村大街小巷干净整齐、物品摆放整齐、柴草堆放有序、屋内窗明几净，呈现出环境优美、生态宜居、乡风文明的美丽乡村新景象。2019年以来，组织全县

19个乡镇妇联主席和部分贫困村妇联主席赴大川镇土桥子村现场观摩学习。全县建设"积分超市"39个，助力脱贫攻坚。县妇联按照"一周一督查，半月一专报"的方式，积极宣传各乡镇的工作亮点和典型做法，全力推动"美丽家园"创建工作，形成以点带面，整体推进的新局面。

二、成果成效

表彰县级"最美家庭"60余户，"美丽庭院"100余户，发挥带动作用，使群众看有样板，学有榜样，创有目标，将"巾帼家美积分超市"建设作为推动乡风文明提升、"美丽家园"创建的重要抓手，深入开展"美丽家园"创建和家庭户内卫生整治工作，不断激发群众参与全域无垃圾治理、清洁村庄、美丽乡村建设的积极性。

案 例 点 评

"妇联引领、乡村组织、妇女参与"创建"美丽家园"的新模式，为舟曲县打造出了生态宜居、干净整洁、文明和谐的美丽乡村，为建设天蓝、地绿、水清的藏乡江南、泉城舟曲，推动高质量发展、实现乡村振兴作出了新的有益探索。

"五化工程"打造美丽家园

庆阳市宁县妇联

党的十八大以来，庆阳市宁县各级妇联组织坚持以习近平生态文明思想为指导，以实施"五化工程"（全域规划科学化、环境治理亮丽化、产业培育特色化、基础服务普惠化、民风习俗淳朴化）为统揽，以创建"美丽庭院"为抓手，以推动"四化联动"为关键，"美丽家园"建设工作取得丰硕成果。

一、具体举措

突出"网格化"，高位谋划推动。建立健全县乡村三级"美丽庭院"创建工作领导小组，制订《宁县"美丽庭院"创建工作实施方案》，细化责任分工，形成"一把手"亲自抓、分管领导具体抓、妇联干部全员抓的"网格化"工作格局。实行妇联执委、女党员、女村干部、女能人"一对一"帮扶责任制，做到"三个走进"（走进村/组、走进家庭、走进住房），手把手教群众如何净化、美化庭院，建好自家"小菜园、小果园、小花园"，扮靓"美丽庭院"。

突出"多元化"，广泛宣传发动。倡导妇女争做环境卫生"五员"（宣传员、保洁员、监督员、实践员、点评员）。利用"网上妇联"集群矩阵，开展线上宣传培训，推行"3个10工作法"（乡镇妇联主席至少转发10个村级微信群，村/社区妇联主席至少转发10名执委，执委至少转发10户群众），举办"美丽庭院"成果展、随手拍等微晒活动，开设"美丽宁县'她'行动""美丽家园建设·巾帼在行动"等8个专栏，采写报道180余篇。利用"母亲讲堂""全域无垃圾万人签名"及发放倡议书等活动，普及改善家居环境的科学理念和知识，做好创建一线的示范和指导。以会代训开展政策宣讲，实现由"要我创建"到"我要创建"的转变。

突出"立体化"，统筹协调推进。各村（社区）妇联组织执委、女党员、女能手等优秀女性，成立巾帼清洁志愿服务队、巾帼文艺宣传队、庭院环境监督评比队，每周五集中开展环境卫生整治评比，建立"红""黑"榜，及时公示、入户观摩。组织召开"妇女协商议事会"；村级妇联以"乡村舞台"为阵地，组建自乐班、广场舞队，为文明乡风建设注入了活力。把卫生清洁、低碳环保、移风易俗等纳入评选标准，做到了"两促进、两提高"。动员妇女积极参加"陇原妹"巾帼家政服务及"陇原巧手"技能培训，帮助贫困妇女掌握一技之长，居家发展庭院经济和炕头经济。

与"巾帼家美积分超市"工作相结合，定期开展"巾帼暖人心""敬老助贫""美丽庭院"创建等工作积分评定和兑换，采用"123工作法"（一看、二问、三评比），让群众相互对比、现场学习，文明"赚"积分。

突出"长效化"，健全制度机制。坚持把长效制度机制建设作为"生命线"，研究探索出可操作、可复制、独具特色的"八大长效机制"（组织引领、主席带头、执委包片、妇联考核、项目结合、文明渗透、旅游带动、庭院经济），保障"美丽庭院"创建工作的常态化、制度化。

二、成果成效

全县已创建市级"美丽庭院"示范村8个、示范户93户，县级"美丽庭院"示范村41个、示范户584户。

案 例 点 评

此案例既有开展"美丽庭院"创建工作的思路、做法和经验，又有制度机制方面的探索和思考。透过案例体现出宁县各级妇联组织和广大妇女在"美丽庭院"创建工作中的担当和作为，让巾帼力量在"美丽家园"建设中多彩绽放。

抓引领强示范　共促生态文明

青海省妇联

为扎实推进"乡村振兴巾帼行动",青海省妇联抓紧抓实全国妇联办公厅《关于学习浙江"千万工程"经验进一步深化"美丽家园"建设工作的通知》要求,巾帼助力建设富裕文明和谐美丽新青海。

一、具体举措

提站位,深化安排部署。一是强化组织领导。青海省妇联专门成立领导小组,注重发挥"联"字优势,加强与省发改委、省农业和农村厅、省人社厅、省总工会等相关部门沟通与对接,结合省情和妇女实际,编制印发《青海省妇联开展"乡村振兴巾帼行动"实施意见》,对开展"美丽家园"建设等活动进行安排部署,向各级妇联组织和广大妇女发出共建共享生态宜居新农家的动员令。二是加强群团协同。坚持资源共享、阵地共用、活动共办,推进"美丽家园"示范村建设列入群团协同化项目内容,积极整合群团资金和资源,合力开展"清洁卫生我先行""绿色生活我主导""家人健康我负责""文明家风我传承"4项行动,进一步巩固扩大"美丽家园"示范村建设覆盖面和创建成效。三是注重现场推进。2018年8月,省妇联组织召开全省"乡村振兴巾帼行动"现场会,实地观摩大通县朔北乡东至沟村等地,交流开展"美丽家园　清洁家庭"建设活动。

抓引领,深化广泛动员。一是强化志愿服务。发放《保护青海湖　我是志愿者——携手共建美丽家园倡议书》《青海高原巾帼生态文明行动——环保知识手册》等倡议书、宣传资料5万余册,以及发放环保购物袋等,动员广大志愿者及妇女和家庭成员在移风易俗、环境整治、美丽乡村建设中贡献力量。二是注重提升环保理念。以大讲堂、宣传栏、文艺宣传、新媒体等农牧区喜闻乐见的形式,引导

农牧区妇女积极参与三江源、祁连山国家公园建设，积极参加农牧区人居环境整治三年行动，广泛参与农牧区垃圾、污水治理和村容村貌提升及"厕所革命"，提升文明健康意识，养成良好生活习惯。三是突出"四美"创评。以"四重、四做"为主题：重养成，清洁卫生从点滴做起；重环保，绿色生活从家庭做起；重健康，美好生活从自我做起；重传承，共建共享从家风做起。积极开展"村庄美、庭院美、个人美、精神美"创评活动，广泛动员争做建设美丽家园的维护者。

强示范，深化典型带动。一是深化家庭文明建设。2019年，评选表彰青海省"最美家庭"120户，"美丽庭院"120户，在省妇联自有媒体上，对全国"最美家庭"、青海省"最美家庭"和"美丽庭院"示范户进行展播，省各媒体对"最美家庭""美丽庭院"示范户揭晓工作进行了宣传报道。二是开展"绿色家庭"创评。省妇联联合省发改委等8家单位印发《青海省绿色家庭创建行动方案》；西宁市妇联以举办绿色发展故事分享、今昔对比短片展播、金点子征集等方式。三是推进"两洁"示范行动。海西州妇联开展高原美丽家庭"清洁厨房""洁净厕所"两洁行动，推动广大妇女积极融入现代生活方式，提高妇女群众文明素养和生活品质。

二、成果成效

全省创建"美丽庭院"1万余户，打造"美丽庭院"示范户1000余户；2020年，创建40个省级"美丽家园"示范村。通过示范带动作用，"绿水青山就是金山银山"的生态文明理念树立得更加牢固，农村环境卫生"脏、乱、差"的面貌有效改变，农村生产生活环境得到明显改善。"美丽家园"建设，使得妇联工作有了更加有力的抓手、更加有效的载体，基层妇联工作深起来、实起来，把更多的妇女群众凝聚起来，妇联工作更加接地气、更加得人心。

案 例 点 评

抓引领强示范，共促生态文明、美丽家园建设工作，有力调动了妇联组织参与"美丽家园"建设的主动性，极大提升了妇联组织干事创业的积极性，保护三江源、共建"美丽家园"成为青海省各级妇联干部和广大妇女群众的思想共识和行动自觉。

"清洁厨厕"撬动"品质生活"

海西蒙古族藏族自治州妇联

为深化推进"美丽家园"建设，海西蒙古族藏族自治州妇联探索开展"清洁厨房""洁净厕所"两洁行动，将美丽家园建设具体化、精细化，推动广大农牧区妇女积极融入现代生活方式。

一、具体举措

"高起点"站位。海西州妇联召开"两洁"行动启动大会，制定"清洁厨房""洁净厕所"评定标准，印发《全州高原美丽家庭"两洁"行动倡议书》2万余份，利用门户网站、微信公众号推送"两洁"信息40余条，制作8条车载广告，在出租车、公交车上深入宣传清洁厨房、洁净厕所健康理念，并在学校、社区、居民小区楼宇中摆放展板400余块，广泛营造声势，动员引领全州各族妇女群众和家庭共同参与，共建高原美丽家庭、共享美好生活。同时，依托巾帼志愿者队伍开展"建设美丽家园——巾帼在行动"主题活动。

"系统性"推进。州妇联做好"家"字文章，将"两洁"家庭作为寻找"最美家庭"、建设"美丽小庭院"（居室）的前置条件，着力打造"家庭教育"服务品牌。开展"我的两洁小妙招"微视频征集活动，广泛征集参与"两洁"行动的好经验、好做法、好妙招，展示全州各族妇女参加"两洁"行动的生动场面。开展"我的家庭风采"征集展示活动，广泛征集高原美丽家庭风采图片，征集反映家风、体现和谐家庭生活的故事、照片、家规等，利用门户网站、微信公众号进行展示，引导妇女群众养成科学、文明、健康的生活方式，自觉做文明家庭的实践者和传播者，营造建设文明家庭、弘扬家庭美德的良好氛围，促进乡风文明、社风和谐。

"普惠性"受益。州妇联持续开展"家庭清洁美化、巾帼环境整治、巾帼绿化美化、文明乡风培育"四项巾帼志愿服务行动

30余次,从厨房、厕所入手,坚持垃圾、污水、村容村貌等集中整治,治理"脏乱差"、建设"整齐美"、提升"精气神"。发挥评比激励机制,通过光荣榜、流动红旗等多种途径,开展形式多样的环境卫生评比活动,褒扬先进,激励后进,摒弃陋习,促进文明,树立保护环境和节约资源意识,倡导绿色消费,助力"厕所革命",共建美丽家园,提高生活品质。

"典型性"引领。举办"两洁"示范户评选接力行,用身边的先进影响身边的人。州妇联举办留守妇女"烹饪技术"专题培训班,开展"家庭厨艺秀"展播活动,在全州开展高原美丽家庭"清洁厨房""洁净厕所"示范户评选接力行活动,引导广大妇女积极参与人居环境整治。首站在德令哈市启动,其他各地区陆续接力开展活动,达到"两洁"行动全覆盖,评选表彰高原美丽家庭"两洁"示范户100个。

二、成果成效

充分激发了广大妇女争创"两洁"示范户、"美丽庭院",争做"最美家庭"的积极性和主动性,增强了农牧区妇女和家庭的健康意识,促进姐妹们改变生活习惯,提高生活品质。

案 例 点 评

海西州妇联在美丽家园建设工作中,找准症结所在,以开展"清洁厨房""洁净厕所"的"两洁"行动为入手点,以"小"撬"大"、抓"小"成"大",推动改善人居环境工作取得积极成效。

以"美丽庭院"建设推进三江源保护

海南藏族自治州妇联

为积极顺应妇女群众对美好生活的向往,海南藏族自治州妇联团结带领全州广大妇女投身"美丽家园"创建等活动中,为保护三江源作出应有的贡献。

一、具体举措

加强宣传教育,提升环保理念。通过"一讲堂四走进""让民族团结进步之花在高原盛开"等活动,采取多种教育培训方式,着力引导广大妇女从自身做起、从家庭做起,身体力行传播生态环境保护理念,组织引导妇女参与生活环境整治改造,投身家园美化行动。广泛开展"保护三江源·建设美丽家园"——巾帼在行动活动,实施"家庭清洁美化、巾帼环境整治、巾帼绿化美化、文明乡风培育"行动,努力打造巾帼助力生态文明品牌。

"乡村振兴巾帼行动",有效扎实推进。采取多种教育培训方式,持续开展"保护三江源·建设美丽家园——巾帼在行动"活动。组织全州150名巾帼志愿者,在青海湖二郎剑景区参加了全省"保护青海湖,我是志愿者"活动启动仪式。现场发放《保护青海湖,我是志愿者——携手共建美丽家园倡议书》等宣传资料和环保袋2000余份。全面落实共和县塘格木镇浪娘村美丽乡村结对共建任务,给予2万元资金扶持,协助建设村级"妇女之家"。

推进"最美家庭",创评"美丽庭院"。注重家庭、家教、家风三个环节,深入推进"最美家庭""和谐文明家庭""五星级文明户""美丽小庭院"示范户等创评工作,充分发挥妇女在家庭生活中的独特作用。

二、成果成效

海南藏族自治州有12户家庭被评为"青海省最美家庭",18户家庭被评为青海省"美丽小庭院"示范户,2户家庭被评为"全国最美家庭"。全州累计推选出"最美家庭"261户,其中省级"最美家庭"108户,全国"最美家庭""五好文明家庭"共12户。

在海南藏族自治州州委、州政府高度重视和省妇联大力支持下,州妇联带领全州广大妇女通过实施精准脱贫、乡村振兴战略、环境保护等,村民生产、生活条件得到了极大改善,广大村民群众的获得感、安全感和幸福感日益增强,全州呈现出了和谐、幸福、稳定的良好局面。

"最美庭院"引领乡村文明建设新时尚

宁夏回族自治区妇联

为贯彻落实习近平总书记关于改善农村人居环境重要指示精神，宁夏回族自治区妇联联合自治区农业农村厅在全区开展以"居室美、厨厕美、庭院美、身心美、村庄美"为主要内容的"最美庭院"创建活动，组织引领广大农村妇女从家庭做起，净化美化居家环境，为推动美丽乡村建设，营造优美舒适的人居环境贡献巾帼力量。

一、具体举措

精心部署，生态宜居展特色。自治区妇联将争创"最美庭院"活动作为践行"乡村振兴巾帼行动"的具体举措，加强组织领导，强化顶层设计，制订实施方案，明确工作任务，实行分片包点制度，责任分解到县、乡、村，形成一级抓一级、层层抓落实的局面。聚焦"家里家外，屋前屋后"两个重点区域，引导广大农村妇女将创评标准内化为思想自觉和行动自觉，争做美丽宜居庭院的维护者。

宣传发动，层层推进注实效。各地紧紧围绕实际，将"最美庭院"创建宣传融入巾帼创业、巾帼脱贫、移风易俗、乡风文明、普法宣传等各项活动中，充分利用广播、电视、报纸、网络等新媒体对"最美庭院"活动进行跟踪式的报道，引导广大农村妇女从自身做起，从改变生活习惯开始，从美化家庭环境卫生入手，培养良好家庭卫生和生活习惯，建立健康文明生活方式。银川市充分发挥"妇女之家"阵地作用，积极利用街道、社区、广场、集市等舞台场地，组织最美家庭、五好家庭等展示家庭才艺、传播文明新风，积极开展"收拾屋子、打扫院子、整治村子"为主要内容的环境整治。石嘴山市从提高妇女文明素质入手，通过开展"铿锵玫瑰助力乡村振兴 移风易俗推动乡风文明"主题活动、"爱润万家 好家庭好家教好家风"讲座、妇女素质提升大宣讲等形式多样的活动，教育引导广大农村妇女提高环境卫生意识，自觉从家庭做起，除陋习、育新风，争做新农村文明女性，努力建设整洁美丽新家园。

建章立制，创新载体抓结合。自治区妇联部署自上而下、创建评比自下而上的方式，层层抓落实、逐级促效果。各级妇联组织联合当地农业农村局制订具体实施方案，进一步细化评分细则，对乡镇、村级妇联主席进行培训。创建过程中开展观摩推进会，建立了互查互比互学的督评机制，实施长效管理，成立各级各类志愿服务队伍，坚持做到每月督查、每季评比，年底有表彰，各项工作台账齐全。固原市发动党员、村干部、巾帼志愿者及县、乡、村三级1万多名妇联执委作用，分组带动妇女群众参与创建"最美庭院"。

示范引领，最美庭院有标杆。突出"居室美、厨厕美、庭院美、身心美、村庄美"的20条创建标准，引导各地在争创活动中注重培树奖励"最美庭院"示范户，着力宣传先进典型事迹，起到"拨亮一盏灯，照亮一大片"的效果，使更多家庭和广大妇女看有榜样、学有典型、创有目标，以标杆引领、带动人人成为"最美庭院"的创建者，户户成为"最美庭院"的受益者。

二、成果成效

2019年，全区创建自治区"最美庭院"200个，市级279个，县级480个。通过创建活动，使得庭院的外在改变转变为农村妇女内涵素质的提升，形成户户参与、互学互比的浓厚创建氛围。

案 例 点 评

"最美庭院"创建活动开展以来，倡导的"五美"标准有形地体现在各乡村硬件环境的改变里，无形地表现在家庭文明、邻里和睦、干群和谐等社会软环境的提升中，充分彰显了广大妇女、家庭参与乡村振兴、促进人居环境改善的积极性和创造性，使"最美庭院"成为乡村文明建设的新风尚。

打造"贺兰山下第一村"

石嘴山市长胜街道龙泉村妇联

为贯彻党的十九大精神、乡村振兴方针政策，作为十个"美丽家园建设试点"之一，石嘴山市长胜街道龙泉村妇联坚持以党建带妇建，组织引导本村妇女在乡村振兴中积极展现作为、发挥"半边天"作用，扎扎实实推进"乡村振兴巾帼行动"，力争打造名副其实的"贺兰山下第一村"。

一、具体举措

发挥引领作用，凝聚妇女力量。龙泉村妇联自觉团结在党组织周围，走家入户做村民思想工作，号召全体村民支持村委会工作，带头签订土地流转协议，以土地入股分红，拓宽了增收致富渠道。宋金香、徐淑红、李娟、杨学莲等15名妇女致富带头人自主创业，示范带动20户村民自发参与到特色小吃、非遗展示、民宿改造等业态当中，形成了"企业+合作社+农户"的联动机制，2019年带动农民人均增收1200元，增幅超过10%。培养5名女性高学历年轻驻村干部、志愿者，分别负责本村发展讲解、宣传写作、项目建设等振兴乡村具体任务。

提高妇女自身技能，参与集体经济建设。联合优宜家旅游公司开展"面点培训"，包括烩小吃、菊花酥、佛手酥、四喜蒸饺、如意卷、沙琪玛、麻酱酥饼等40个学习项目。联合大武口区就业创业服务局开设网络创业培训班，包含店铺装修、商品管理、店铺管理、运营方式及物流、开办个人网店或企业店铺、图片信息处理等内容，带动妇女主打龙泉村富硒百年大枣、草莓、葡萄、溜达鸡、面粉、土猪肉等特色农产品销售。主动对接优宜家运营公司及就业局，为本村妇女争取就业岗位。组织25名妇女前往陕西袁家村、甘肃景泰县龙湾村及宁夏泾源县冶家村观摩学习乡村旅游民宿、农家乐建设及经营。妇联执委以乡村文化旅游活动为抓手，在龙泉村农民丰收节、美食节、采摘节、冰雪节、社火大拜年等特色农旅活动中，以组织者、经营者、志愿者等多种身份，为本村组织的活动贡献力量。

挖掘最美妇女人物，发挥典型引导作用。评选"最美家庭""好婆婆""好媳妇""好母亲"等先进典型，在龙泉村家风家训馆面向社会进行集中展示；开展"好家风 好家训"书画作品征集展示、移风易俗故事宣讲等特色活动，倡导社会文明新风尚，培育和践行社会主义核心价值观，推进乡村文化振兴。

参与志愿服务活动，提高宜游宜居水平。龙泉村成立巾帼志愿者服务队，参与农村环境综合整治志愿服务活动，定期参与"三堆"清理，积极参与龙泉村后山荒山绿化等植树活动，栽培各类树木，入户了解情况，动员家庭成员主动配合村委会开展"厕所革命"。志愿者通过微信群、小喇叭、宣传单等加强宣传，引导村民购买洁净煤，安装石墨烯电暖气等，在本村形成了"净绿整洁、文明有序"的农村环境，助推生态振兴。志愿者定期对龙泉村各处景观设施进行检查，及时报告村委会管理人员维修，节假日期间主动加入游客引导、卫生整治、农产品义卖等工作。

二、成果成效

龙泉村先后被评为"全国文明村""全国生态文化村""2018年中国美丽休闲乡村""自治区首批健康示范村""自治区移风易俗工作先进村镇"。2019年，龙泉村荣获长胜街道最美家庭1户、最美人物2人，石嘴山市最美家庭3户。2019年，龙泉村评选上报了11户最美庭院，5户被长胜街道评选为最美庭院，2户被评为石嘴山市最美庭院。龙泉村坚持"尊重原貌，适度改造"的原则，逐步融入民俗演出、西北特色小吃、手工艺体验、娱乐活动体验等元素，打造文化贯穿、生态宜居、功能多元的民俗古村落，将乡村振兴战略落到实处。

案 例 点 评

龙泉村广大妇女在基层妇联执委的带领下，紧紧团结在党组织周围，提振信心、凝聚力量，积极投入到乡村振兴伟大实践中，在农村人居环境整治、村集体经济发展、村民增收致富、移风易俗等方面发挥示范带头作用，成为妇女助力乡村振兴的一道亮丽风景。

巾帼行动助力美丽家园建设

中卫市沙坡头区迎水桥镇何滩村妇联

为深入贯彻"创新、协调、绿色、开放、共享"的新发展理念,沙坡头区迎水桥镇何滩村妇联积极引导广大家庭和妇女群众广泛参与"最美庭院"等创建活动,自觉美化环境,培育文明风尚,为助力乡村振兴战略实施贡献巾帼力量。

一、具体举措

妇女上阵,"家园"美起来。带领妇女,积极参与村庄环境卫生整治行动,对居室内外进行大扫除,道路沟渠等公共区域进行清理,用实际行动向乱扔、乱倒、乱摆现象说"不",通过清理街路边沟、规划柴草垛、打扫庭院、栽花种草等行为,在各巷道口设置垃圾箱并配备专用垃圾运输车,做到垃圾不落地、垃圾日日清。逐步美化家园环境。

活动不断,"家园"火起来。以妇女为主体组建农村广场舞文艺队,打造出一支志愿宣传"轻骑兵",通过"舞间五分钟"知识宣讲活动和主题文艺会演

等群众喜闻乐见的形式，进一步扩大移风易俗、孝老爱亲、环境治理等知识、政策、工作影响力。

文明宣传，"家园"靓起来。在全村主干道路墙上，制作张贴了社会主义核心价值观宣传图，"美丽家园"宣传板，移风易俗"红黑榜"，垃圾分类指导图版，"中华传统二十四孝"墙等宣传画，营造了一道亮丽的文明风景。

绿化覆盖，"家园"亮起来。妇女积极参与村庄绿化行动，在道路两旁、庭院内外大量种植花草树木，先后共计完成改水、改厕156户，农村人居环境综合整治危房改造132户，对村庄环境面貌改善、生态环境保护、村民身体健康起到积极作用。

最美庭院，"家园"比起来。村妇联引导全村妇女"小我"融入"大我"，积极参加"最美庭院"创建，"最美家庭""好婆婆""好儿媳""道德模范"评比等，涌现出一批批典型，在农村形成了妇女争创、户户赶超的喜人局面，将"美"带入千家万户中，植入村民心中。

二、成果成效

何滩村创建"美丽家园"在路上，以女性美带动家庭美，以小家美促动村庄美，助力推进了"村庄振兴"的良好态势，村民变得越来越有获得感。

案 例 点 评

何滩村妇联坚持党建带妇建，充分发挥妇联组织和广大妇女的作用，持续深入开展清洁家园、最美家庭、庭院创建，为推进何滩村美丽家园建设作出了积极贡献。

"四好一美一卫生"
扮靓美丽新生活

阿勒泰地区哈巴河县妇联

党的十九大以来，阿勒泰地区哈巴河县妇联以"美丽庭院"建设为载体，大力开展"四好三美一卫生"（思想好、家风好、学习好、团结好，人美、屋美、院美，厕所卫生）标准化创建，引导带动广大农村妇女从自身做起，从身边小事做起，积极参与人居环境整治，共创美丽环境，共享美好生活。

一、具体举措

广宣传，凝聚思想共识。将微信等新媒体平台与村村通大喇叭、玻璃橱窗、横幅标语等传统媒介相结合，宣传习近平总书记关于乡村振兴的重要论述，宣传党的惠民政策、庭院经济致富技能、"美丽庭院"成果展示等内容，同时，加大宣传边境管理、禁毒知识、《中华人民共和国反家庭暴力法》《中华人民共和国妇女权益保障法》等法律知识。巾帼志愿者通过入户走访、发放宣传单倡议书、召开分享座谈会、举办承诺签名活动等，面对面向妇女群众宣传讲解"美丽庭院"建设内容，累计开展大宣讲90余场次，发放宣传单2000余份，受益群众5000余人次。

齐参与，构建美丽家园。将"美丽庭院"建设与农村人居环境整治、脱贫攻坚工作相结合，按照"四好三美一卫生"创建标准，围绕院内院外"六件事"（改厕、整治庭院环境、整治居住环境、排污、清垃圾、清淤），每周开展环境卫生大扫除，每月开展环境卫生大整治。开展环境卫生大整治活动上百场次，参与妇女群众近万人次，基层妇联带领妇联执委、女党员、女干部、巾帼志愿者等对辖区内重点道路沿线边沟垃圾、村庄灌溉沟渠垃圾、农贸市场死角垃圾、农户房前屋后乱堆垃圾进行清理。开展"美丽庭院"建设志愿帮扶活动20余场次，深入患病妇女、残疾妇女、单亲母亲、建档立卡贫困妇女家中开展志愿清洁卫生活动。

强督促，激发创建活力。推行"美丽庭院建设 流动红旗到我家"活动，制定"周开展、月评比、年定等"创建机制，由妇联主席、执委、村干部、村民

党员、村小组长、村民代表深入候选家庭，实地评选打分，每村每月评选示范家庭3~5户，同时哈巴河县女声微信公众号对层层推荐报送的示范典型进行公示展播。

送服务，促进经济发展。 哈巴河县妇联为村民"算清账""理思路""送三苗"（送树苗、送菜苗、送鸡苗），开展"四送"（送知识、送技能、送信息、送资源）活动，邀请农业、林业、畜牧业等部门技术骨干深入"妇女之家"、田间地头开展送种养殖技能培训服务工作。

重结合，助力新冠肺炎疫情防控。 哈巴河县妇联面向全县家庭开展"美丽庭院"建设——庭院秀起来活动，采用居家创、网上晒、互相比等形式。利用微信朋友圈、QQ群、抖音等新媒体平台宣传疫情防控知识、晒"宅"家图片，号召广大妇女姐妹争当疫情防控的战斗员、宣传员、监督员。

二、成果成效

哈巴河县61个村全部参与"美丽庭院"建设工作，示范村11个，示范户220户，对表现突出的30个家庭在微信公众号上进行公布展示，有效带动了广大农村妇女和家庭参与"美丽庭院"建设的积极性和主动性。

案 例 点 评

哈巴河县妇联以家庭为单位，广泛开展宣传、展播、评比、志愿等活动，有效提升了"美丽庭院"建设活动的知晓率、参与率。各乡镇妇联为种养殖户搭建学习交流"三苗"种养殖技术平台，通过相互切磋种养殖经验，交流销售信息，有效促进了各乡镇庭院经济的良性发展。新冠肺炎疫情期间，广大妇女和家庭积极行动起来，做家务、搞卫生、晒美照，全县共有百余户家庭参与了县女声微信公众号晒照活动，掀起"美丽庭院"建设新高潮，筑起了坚实稳固的家庭战"疫"堡垒。

打造"五美庭院" 助力乡村振兴

哈密市伊州区妇联

按照新疆维吾尔自治区妇联和哈密市妇联的统一部署,伊州区妇联组织动员全区15个乡镇开展"美丽庭院"建设,因地制宜,用丰富多彩的活动吸引广大妇女和家庭参与其中,在打造五美宜居家园的同时,助力脱贫攻坚。

一、具体举措

宣传创建标准。 充分发挥"妇女之家"作用,以集中宣讲、发放宣传单、召开座谈会、面对面宣传等方式,号召广大群众把自己的家园建成"人美、屋美、院美、厨厕美、村庄美"的宜居之所。

丰富宣传载体。 制作"建设文明、健康、美丽家园"为题目的维汉双语倡议书、海报和宣传折页。各村主要街头醒目的地方以张贴标语、海报、悬挂横幅、发放宣传资料等形式扩大宣传覆盖面。

开展调研指导。 通过走访调研脱贫户的思想状况、经济状况、生活方式、行为习惯、学习需求、家庭困难,及时了解在创建过程中存在的问题和困难,定量定性分析数据,指导帮助基层解决创建困难。

评比监督。 通过召开"美丽庭院"建设现场推进会,表彰选树典型,宣传先进事迹,学习交流经验,激发群众热情,深化创建成果,推动"美丽庭院"工作在伊州区各乡镇全面铺开。

打造特色庭院。 各乡镇妇联将"美丽庭院"建设与创建"一村一特"工作相结合,动员农户根据自家庭院特色创建"刺绣之家""打馕之家""旅游之家""奶茶之家""焖饼子之家"等各具特色的"美丽庭院"。

二、成果成效

基层妇联依托驻村工作队和"民族团结一家亲"结亲点，开展试点先行，在每个乡镇都设立"美丽庭院"示范村和示范户，创建市级示范村5个、示范户500个，区级示范村15个、示范户2140个，乡级示范村15个、示范户500户，其中脱贫户171户。通过打造一批批特色"美丽庭院"，使农户充分利用自家庭院的美丽环境、非常美食、特色手工吸引八方游客，以乡村旅游促进农村人居环境整治，推动乡村产业振兴，帮助农民增收致富。

案例点评

伊州区妇联以"美丽庭院"创建为支点，不断创新工作方法，将"美丽庭院"建设与发展庭院经济相结合，通过倡导健康文明生活方式，美化亮化生活环境，引导发展庭院经济，使村民不仅富了"脑袋"也鼓了"口袋"，在全区范围内营造人人参与乡村振兴、户户争当"美丽庭院"的良好氛围。

"三新"活动倡扬文明乡风

喀什市乃则尔巴格镇前进村妇联

在喀什市妇联的大力推动下,喀什市乃则尔巴格镇前进村妇联以"三新"(建立新风尚、树立新气象、建立新秩序)活动为主题,以"美丽庭院"为切入点,引导农民转变思想观念,发展庭院经济,促进就业创业,改善人居环境,推进乡风文明,建设美丽家乡。

一、具体举措

明确创建标准,确保建设有"标"可照。以"四好三美一卫生"为创建标准,即"美丽庭院"要做到思想好、家风好、学习好、团结好,人美、屋美、庭院美,厕所卫生,通过女性素质专项行动、个人卫生行动、家庭卫生行动、庭院绿化行动、学法律学技能行动、乡村卫生公益行动等,引导农村妇女从"人美"到"思想好",由外及内的改变促进激发出内生动力,以个人的文明进步带动家庭的文明进步。

加强宣传教育,确保行动有"事"可做。利用村里广播天天讲、入户走访上门讲、微信公众号示范讲、"国庆""三八"等时间节点重点讲;发放"美丽庭院"建设宣传单、倡议书等。从村民身边小事生活细节入手,投入2万元为村民购置牙膏牙刷、案板、台灯等生活用品;发放液晶电视57台,小课桌57个;为15户困难家庭赠送沙发、床、桌子等家具。以改变人居环境卫生为切入点,号召家家户户清洁地毯,清除卫生死角,帮助40余户家庭改厨改厕,积极引导村民动起来、干起来,用自己勤劳的双手改变周围环境。

强化示范引领,确保争创有"样"可学。对村里两条巷道进行全面升级改造,协调资金铺路修墙,安置8张便民座椅和26盏太阳能路灯,改造"垃圾堆"为"小花园",带领村民将购置的1万余株(棵)爬山虎、木槿花、法桐苗种植在村间道路两旁,引导村民在家门口种植无花果、格桑花等,倾力打造出2条有景观、有特色、有文化、有做法的新样板——"美丽庭院花卉小巷"。

大力评选表彰，确保活动有"美"可展。以示范引领、成果共享、表彰奖励等方式提高村民的积极性，广大农村家庭妇女在参与创建中创造美、发现美、展示美、传承美，大家一起分享美的故事，传扬美的光芒，树立了身边学习的榜样、激发了向上向善的正能量。

坚持两个结合，确保创建有"质"可立。坚持把"美丽庭院"建设与家庭美德建设相结合，牢牢树立"人美"核心、高扬"家风"旗帜，充分利用全村37个文化大院和7支600余人的巾帼志愿者队伍，开展家庭教育讲座、家庭才艺展示、家庭保洁培训、亲子读书分享、民族团结联谊等文化活动，突出对家庭教育、科学育儿理念的传播，引导广大农村家庭学习夫妻、婆媳、妯娌、邻里之间的相处之道，促进家庭和睦和谐，用"家风美"打造"和谐美"，从而推动"庭院美"。

助力脱贫攻坚。由"美丽庭院"建设衍生出的"家庭学校进农户""靓发屋""十小工程"等项目，帮助村里想就业、没技术、缺资金的贫困户获得了培训机会和就业机会，帮助他们转变了就业观念，夯实了勤劳致富、劳动光荣的思想基础。

二、成果成效

家家干净整洁、院内种花养草、现代家具整齐美观、户户都有结对亲戚、邻里团结和谐，大家为幸福生活努力奋斗已经成为小巷村民的集体特征。在房前屋后发展庭院经济，农民群众依靠种花不仅美化了环境，还实现了个人增收5000～18000元不等。已评选出200户"美丽庭院"家庭，示范带动全村循序渐进地推进庭院建设。

案 例 点 评

喀什市乃则尔巴格镇前进村以"美丽庭院"建设为抓手，依托"家庭学校进农户""靓发屋""十小工程"等项目，积极开展农民群众喜闻乐见，参与性强的各类活动，有效激发群众比学赶超的内在动力，使农村生产生活环境焕然一新。

伊犁蓝让生活"亚克西"

伊犁哈萨克自治州伊宁市都来提巴格街道妇联

为建设生态宜居环境，伊宁市都来提巴格街道妇联广泛动员各族妇女姐妹从庭前院后做起，积极参与"美丽庭院"建设，伊犁蓝画卷正徐徐展开。

一、具体举措

党建引领，让美丽庭院"建起来"。 在街道和社区层面分别召开"美丽庭院"建设工作动员大会，成立了由社区两委成员、党员、妇联干部等人员组成的创建及评审工作小组，通过发放倡议书、张贴明白纸、开展"小手拉大手"等活动形式，营造家家认同、户户参与的良好氛围。街道和社区干部下沉一线，走家串户，用拉家常的方式向居民宣传"美丽庭院"建设的意义和要求，倾听居民对"美丽庭院"的意见和建议。将"美丽庭院"建设与"民族团结一家亲""算清两笔账，感恩共产党"等活动相结合，进一步拉近党群、干群关系。

规划引领，让美丽庭院"火起来"。 "三化四美三文明"（净化、绿化、美化，仪表美、言行美、文明美、素养美，家教文明、家风文明、家庭文明）为标准，创建"美丽庭院"。居民们在庭院养花种菜美化亮化环境外，还可以吸引游客驻足，增加收入。新路街二巷居民阿瓦古丽·卡德尔将小院打造成旅游示范点，日均接待游客200人左右，通过出售"艾迪莱斯绸"等旅游产品，月收入最高达万元。科学规划，将"美丽庭院"与历史文化挖掘相结合，在加强保护民俗文化的同时做好开发利用文章。

教育引领，让美丽庭院"动起来"。 在重大活动、重要节点期间，街道社区干部、宣讲员走进庭院，以学说唱、演小品、知识竞赛等方式，宣讲惠民政策，现场回答群众咨询，努力提升居民的知晓率和参与率。以老党员、退休干部、联户长以及先进典型为核心，成立"草根宣讲员"团队，以通俗易懂的语言和群众

喜闻乐见的形式开展"微宣讲"，讲解家庭教育、《中华人民共和国婚姻法》《中华人民共和国反家庭暴力法》等内容，成为妇女素质教育提升的活课堂。组织辖区各族妇女群众开展丰富多彩的文化活动，通过载歌载舞的艺术形式歌颂党和政府对各族群众的深切关怀，用热情的歌舞表达对伟大祖国的热爱，对美好生活的向往。向广大居民送技术、送岗位，发动妇女参加糕点制作、缝纫、手工艺、养殖等技术培训，定期谈收获、晒作品、搞评比。

行动引领，让美丽庭院"靓起来"。"巾帼号"垃圾分类志愿者宣传队开展清理卫生死角行动，共清理家屋和卫生死角35000余处。举办擂台赛，号召辖区妇联执委、女党员、女网格员等积极参与打擂，示范带动展示劳动成果，评分小组对照"美丽庭院"建设标准，选出自治区、自治州三星级以上的示范庭院，集中授牌挂牌，提高挂牌户的仪式感、荣誉感和自豪感。

二、成果成效

近13万户农（居）民家庭参与创建活动，评选出示范户100户。截至目前，街道已有31名妇女通过学技能在自家院内创业就业，增加家庭收入。先后有23户家庭开展各具特色的农家乐、民俗项目等。"美丽庭院"在小巷内遍地开花，特色餐饮、手工作坊、休闲旅游如火如荼，小巷在居民们的倾力打造下成为当地远近闻名的最美品质街巷。

案 例 点 评

伊宁市都来提巴格街道妇联着眼于改变城市面貌，提升居民精神面貌，将"美丽庭院"建设融入新冠肺炎疫情防控、经济社会发展、城市人居环境整治等各项工作中，在工作中坚持党建引领、高位谋划，妇女主力、高标推进，群众参与、高效完成，"美丽庭院"已成为文明城市的一道亮丽风景。

家越美，越幸福

兵团第一师阿拉尔市十团妇联

在兵、师、团妇联的统一领导下，十团八连以建设"宜居连队"为导向，率先开展人居环境整治工作，将"家越美，越幸福"作为"乡村振兴巾帼行动"的重要主题，开展"清洁卫生我先行""绿色生活我主导""文明家风我传承"的美丽家园建设，营造了干净、整洁、舒适的连队环境。

一、具体举措

加强组织领导，明确目标任务。十团妇联成立连队人居环境整治领导小组，细化分工，明确责任，落实第一责任人责任。结合连队实际，十团妇联制订切实可行的实施方案，分解整治内容，细化整治标准，划分责任区域，组织召开人居环境整治工作动员大会、推进会、家庭卫生整治内外现场会等会议，对每阶段工作提出具体要求。

加大宣传力度，树立典型示范。十团妇联通过居民大会、广播、横幅等方式，向职工群众宣传连队人居环境整治的重要意义；通过创建干净整洁示范户、星级文明户、最美庭院、文明家庭、五好家庭等形式，加强典型示范宣传；制作人居环境宣传牌、家庭卫生评比牌等各类牌匾、宣传画报、警示标语。

完善基础设施，发挥资金效益。十团妇联充分利用"美丽连队"建设项目援疆资金，在连队粉刷建筑物外墙，新建给水管网、给水阀门井，新增菜地围栏、洗车房、葡萄架等，通过加快基础设施配套建设，保障连队环境改善。

落实五项行动，开展集中整治。一是开展垃圾整治行动，彻底清除居民家中、房前屋后以及林带、道路等公共区域陈年生活垃圾、生产垃圾和建筑垃圾；二是开展乱放乱搭乱建专项整治行动，清理连队集中居住区房前屋后和巷道的杂物，对乱搭乱建进行拆除；三是开展非法小广告专项整治行动，对张贴在墙壁、电线杆、路标上的非法小广告进行全面清理，确保连队干净整洁；四是开展庭院专项整治行动，严格落实好"三区分离"制度，明确小菜地功能，规范散养行为；五是开展农机具专项整治行动，对报废车辆进行集中清理，划分农机具停放

点，所有农机具按要求停放。

　　*加强日常管理，形成长效机制。*十团妇联组织居民与连队签订"门前五包"责任书，确保居民对自家及房前屋后的卫生每日一小扫，每周一大扫，连队组织片区负责人和网格长对居民家庭卫生实行每周一检查，每月一评比；公益岗位人员每天对连队道路进行清洁，确保连队卫生干净整洁。

二、成果成效

　　十团妇联积极发动妇女群众及家庭参与形式多样的"美丽庭院"创建，通过示范带动作用号召全连队，按照"洁、齐、绿、美"的要求，开展庭院美化工作，连容连貌焕然一新。

　　阿拉尔市十团妇联高度重视，以典型示范为引领，落实责任抓手，汇集连队党员群众的力量，积极参与到"美丽家园"建设工作中来，切实增强了职工的归属感、责任感和幸福感。

垃圾分类创建"美丽庭院"

西山农牧场妇联

西山农牧场二连认真学习浙江"千万工程"经验，充分发挥广大妇女群众及家庭在"美丽家园"创建中的作用，推进垃圾分类、绿化环境、节能减排，连队环境面貌得到了明显改善。

一、具体举措

广泛宣传，营造"美丽家园"创建工作良好氛围。西山农牧场妇联积极配合落实农场党委安排部署，深入田间地头和居民家中进行宣传指导，引导广大妇女在"美丽家园"创建中发挥主体作用。

推进垃圾分类。西山农牧场妇联就以下几点做法进行了推广和宣传：第一，基层妇联组织巾帼志愿者通过入户走访、微信群、大喇叭、发放宣传单等多渠道对辖区居民进行了宣传。第二，农牧场妇联同相关部门协调联动，设立垃圾分类硬件设施，为居民定制专业的垃圾分类箱，用标志和颜色让居民在倾倒垃圾的时候一眼就能知道哪个是餐厨垃圾、哪个是生活垃圾，同时在连队设立有害垃圾回收点和可循环垃圾收集点。对于可回收垃圾，连队妇联联合辖区商铺制定可回收垃圾兑换积分的规定，让居民把可回收垃圾兑换为积分，再用积分兑换生活用品，促进和提高了居民对于垃圾分类的认知度和积极性。第三，农牧场妇联配合连队建立相应的餐厨垃圾腐熟点，将餐厨垃圾统计集中在一起进行腐熟，然后再让腐熟后的垃圾作为肥料进入农田。同时建立相应的污水处理系统，通过相关设备将连队辖区产生的污水统一进行无害化处理后，再对连队辖区林带进行灌溉。

环境绿化。农牧场妇联积极组织动员农场广大巾帼志愿者和妇女群众投身植树活动，以实际行动为建设美丽连队贡献巾帼力量。

巾帼创业促进连队发展。2019年年初，连队职工姜文花创办绿丰悠悠合作社，带领连队7名职工提高农产品价值、提高大田的经济效率，通过一年多的打拼，将合作社发展出了一定的规模。2019年，连队新招录职工刘光波及其配偶马丽，在连队辖区种植了几十亩桃园，并在桃园建立了英格尔生态庄园。为鼓励妇女创新创业、增收致富，农牧场妇联积极为创业妇女申请帮扶政策和资金扶持，助推连队妇女创业项目迈向更高台阶，带动更多妇女就业，为促进连队经济发展贡献巾帼力量。

二、成果成效

连队平均每年种植各类树木上千株，为连队的环境美化打下了坚实的基础。通过垃圾分类等一系列生态整治举措，打造了一个道路整洁、民房漂亮、庭院优美、花圃遍地、处处成风景的生态宜居连队。

西山农牧场二连在"美丽家园"建设中取得积极成效，通过连队对辖区巾帼创业项目的支持，不仅促进了连队经济发展，也带动了辖区职工和居民就业，实现了多方共赢。

为了 家园 更美丽